単位に乗ぜられる倍数（10^n）	接頭辞		記　号
10^{24}	ヨタ	(yotta)	Y
10^{21}	ゼタ	(zetta)	Z
10^{18}	エクサ	(exa)	E
10^{15}	ペタ	(peta)	P
10^{12}	テラ	(tera)	T
10^{9}	ギガ	(giga)	G
10^{6}	メガ	(mega)	M
10^{3}	キロ	(kilo)	k
10^{2}	ヘクト	(hecto)	h
10^{1}	デカ	(deca)	da
10^{0}	な	し	
10^{-1}	デシ	(deci)	d
10^{-2}	センチ	(centi)	c
10^{-3}	ミリ	(milli)	m
10^{-6}	マイクロ	(micro)	μ
10^{-9}	ナノ	(nano)	n
10^{-12}	ピコ	(pico)	p
10^{-15}	フェムト	(femto)	f
10^{-18}	アト	(atto)	a
10^{-21}	ゼプト	(zepto)	z
10^{-24}	ヨクト	(yocto)	y

◆ **化学量や物理量の表現**　SI単位系の接頭辞や単位と数値を組み合わせて化学量や物理量を表現します。基本は下に記した組み合わせです。

| 数値 | SI接頭辞 | SI単位 |

具体的にみていきましょう。身長が165cmというのは

165　　c　　m

数値　　SI接頭辞　　SI単位

となります。数学の文字式で習っていることと思いますが，数字とアルファベットもしくはアルファベットとアルファベットのかけ算については記号（×）を省略するというルールがあります。ですから本来

165 × c × m

なのです。これをmの基本単位に戻すときには，上の表でcは10^{-2}でしたから，これをcに当てはめてあげればよいのです。

165 × 10^{-2} × m

これを計算して記号（×）を省略すると1.65mとなるのです。

◆ **組立単位**　基本単位を組み合わせて作られる単位（組立単位）についてみてみましょう。単純なものに限られますが，実は単位を覚えていれば計算が簡単にできます。

面積を表す単位にkm^2がありますが，これは"kmを2回かけましたよ"という単位です。速さの単位にm/sというのがありますが，これは"mをsで割りましたよ"という単位です。/は÷と同じ意味です。分数を斜めにしたものと考えてもかまいません。

また，単位については単位の計算ができます。簡単な例では「速さ　×　時間　=　距離」というものですが，ここでは速さをm/s，時間をsで考えると，下の式に示すようになります。

$$速さ \times 時間 = m/s \times s = \frac{m}{s} \times s = m$$

基礎からの
やさしい化学

―ヒトの健康と栄養を学ぶために―

田島　眞
編著

麻生慶一・有井康博・小栗重行・田中直子
山田一哉・吉川尚志・吉田　徹
共著

建帛社
KENPAKUSHA

はじめに

　本書は，主として栄養士・管理栄養士になるために勉強をしようとする学生向けの教科書です。栄養士・管理栄養士になるためには，専門科目として栄養学と食品学を中心に学ぶ必要がありますが，その基本となるものは化学です。栄養で大切な体内での代謝，あるいは栄養素の理解，食品で大切になる色・香り・味などの理解には化学的知識が欠かせません。ところが，大学・短期大学の入学試験の受験科目で化学を選択しない者が増えています。当然ながら，高等学校での化学の勉強がおろそかになっています。しかも，高等学校の化学は無機化学が中心ですが，栄養学・食品学で取り扱うのは，主に有機化学です。そこで，高等学校の化学の復習と補強が必要となるわけです。本書のねらいはそこにあります。

　本書の構成は，第1章から第6章までは化学の基礎と無機化学に当られ，第7章から第11章までは有機化学に当てられています。有機化学では，炭水化物，脂質，タンパク質と栄養素別の記述となっています。ただし，ビタミンや生理機能物質の話には触れていません。これらは，専門科目の栄養学総論，食品学総論で学ぶことになっているからです。また，化学の基礎でも例えば物理化学には触れていません。あくまでも栄養学・食品学を理解するための基礎に重点を置いたからです。

　前述したように，本書は全11章の構成となっており，1章を1時限に割り当てていただけば，半期の授業となります。また，第1～6章には，章末問題があり，復習と理解の助けとなっています。

　本書が，これから栄養学・食品学を学ぶ者の手助けとなることを期待しています。
　終りに，本書を刊行するに当り，執筆の労をとられた執筆者各位，出版の労をとられた㈱建帛社の各位に感謝申し上げます。

2011年4月

田島　眞

目 次

序章 なぜ，化学を学ぶのか

1. 化学とは何でしょうか …… 1
2. ヒトの体のなかで起こっている化学 …… 1

第1章 物質と原子

1. **物質の成分** …… 3
   1. 物質とは …… 3
   2. 純物質と混合物 …… 3
2. **物質の構成要素** …… 5
   1. 元　素 …… 5
   2. 同素体 …… 5
   3. 原　子 …… 5
   4. 分　子 …… 6
   5. イオン …… 7
3. **原子の構造** …… 7
   1. 原子の構成 …… 7
   2. 同位体 …… 8
   3. 原子内の電子配置 …… 9
   4. 価電子 …… 10
   5. 元素の周期律 …… 10
   6. 元素の周期表 …… 11
   7. 原子量・分子量・式量 …… 12

第2章 化学結合

1. **原子間結合** …… 16
   1. イオンのでき方 …… 16
   2. イオン結合 …… 18
   3. 共有結合 …… 19
   4. 配位結合 …… 21
   5. 金属結合 …… 21
2. **分子間結合** …… 22
   1. 水素結合 …… 22
   2. ファンデルワールス力（分子間力） …… 23

◆ 目次

第3章 物質の三態

1. 物質の状態変化 …… 26
2. モル：物質を数える単位 …… 27
3. 気体の法則 …… 30
    1. ボイル・シャルルの法則 …… 31
    2. 気体の状態方程式 …… 32
4. 溶液の性質 …… 33
    1. 溶液と溶解のしくみ …… 33
    2. 蒸気圧降下・沸点上昇・凝固点降下 …… 35
    3. 浸透圧 …… 36
    4. コロイド …… 36
5. 溶液の濃度 …… 37
    1. パーセント濃度 …… 37
    2. モル濃度 …… 38
    3. 規定度 …… 40

第4章 化学反応

1. 化学反応式 …… 43
    1. 化学反応式の表す量的関係 …… 43
    2. 化学反応式のつくり方 …… 44
    3. イオン反応式のつくり方 …… 46
2. 化学反応とエネルギー …… 47
    1. エンタルピー …… 48
    2. エントロピー …… 49
    3. 自由エネルギー …… 50
    4. 熱化学方程式 …… 50
    5. エネルギー代謝 …… 51
    6. 酵素：生体内の触媒 …… 51

第5章 酸・塩基，中和

1. 酸と塩基 …… 53
    1. 酸・塩基の定義 …… 53
    2. 酸・塩基の強弱 …… 54
2. 水素イオン濃度とpH …… 55
    1. 水素イオン濃度 …… 55
    2. pHの測定法 …… 57

3. 中　和 ………………………………………………………… 57
　　4. 緩衝液と緩衝作用 ……………………………………………… 58

第6章　酸化還元反応

1. **酸化・還元の定義** ……………………………………………… 60
    1. 酸素の授受 …… 60
    2. 水素の授受 …… 60
    3. 電子の授受 …… 61
2. **酸化数** …………………………………………………………… 61
3. **酸化・還元剤** …………………………………………………… 62

第7章　有機の化学

1. **有機化学とは** …………………………………………………… 65
    1. 有機化学を学ぶわけ …… 65
    2. 有機化学の定義 …… 68
2. **有機化学の定義と基本** ………………………………………… 68
    1. 構造式の書き方 …… 68
    2. 有機化合物の分類 …… 70
    3. 官能基にもとづく分類 …… 70
3. **アルカン，アルケン，アルキン** ……………………………… 73
    1. アルカン …… 73
    2. アルカンの命名法 …… 74
    3. アルキン基およびハロゲン置換基 …… 75
    4. アルカンの物理的性質 …… 75
    5. シクロアルカン …… 76
    6. アルケンとアルキン …… 76
    7. アルケンとアルキンの構造 …… 77
    8. アルケンのシス−トランス（cis-$trans$）異性体 …… 78
4. **芳香族化合物：ベンゼン** ……………………………………… 78
5. **アルコール，フェノール，チオール** ………………………… 80
    1. アルコール …… 80
    2. フェノール …… 81
    3. チオール …… 82
6. **エーテル，スルフィド** ………………………………………… 82
    1. エーテル …… 82
    2. スルフィド …… 83
7. **アルデヒド，ケトン** …………………………………………… 83
8. **カルボン酸とその誘導体** ……………………………………… 85

　　　　　1. カルボン酸 …… 85
　　　　　2. カルボン酸の誘導体 …… 86
　9. アミン …… 88
　10. 立体異性体 …… 88

第8章 炭水化物（糖質）の化学

1. 炭水化物の化学構造と性質 …… 90
　　1. 化学構造の表し方 …… 90
　　2. 化学的性質 …… 93
2. 炭水化物（糖質）の種類 …… 95
　　1. 単糖類 …… 95
　　2. 単糖の誘導体類 …… 97
　　3. オリゴ類（少糖） …… 99
　　4. 多糖（グルカン）類 …… 103
3. 生体中の炭水化物（糖質）の化学 …… 109

第9章 脂質の化学

1. 脂質とは …… 111
2. 脂質の分類 …… 111
3. 脂肪酸とは …… 112
4. 必須脂肪酸 …… 115
5. 脂質の分類にもとづく構造的特徴 …… 115
　　1. 単純脂質 …… 115
　　2. 複合脂質 …… 116
　　3. 誘導脂質 …… 117
6. 油脂の化学的性質 …… 118
　　1. ヨウ素価 …… 118
　　2. けん化価 …… 119
　　3. 酸価（AV） …… 119
　　4. 過酸化物価（POV），カルボニル価（CV） …… 119
7. 脂質の劣化・酸敗 …… 119
　　1. 自動酸化 …… 120
　　2. 酵素による酸化 …… 120
　　3. 加熱による変化 …… 120
　　4. 活性酸素種と過酸化反応 …… 121
8. 油脂の改質反応 …… 122
　　1. 水素添加反応 …… 122
　　2. エステル交換反応 …… 122

  9. 脂質の消化・吸収 ………………………………………………… *122*
  10. 乳化とエマルション ……………………………………………… *123*
    1. 水中油滴（O/W）型エマルション …… *123*
    2. 油中水滴（W/O）型エマルション …… *124*

第10章　タンパク質・アミノ酸の化学

  1. **タンパク質のさまざまな機能** …………………………………… *125*
  2. **タンパク質はアミノ酸からできている** ………………………… *126*
    1. アミノ酸の基本構造 …… *126*
    2. アミノ酸の分類 …… *129*
  3. **タンパク質はアミノ酸が直鎖状に結合してできた高分子** …… *132*
    1. ペプチド結合 …… *132*
    2. 主鎖と側鎖 …… *132*
    3. タンパク質の性質 …… *133*
    4. タンパク質の電気的性質 …… *133*
  4. **タンパク質は特定の立体構造をもっている** …………………… *136*
    1. タンパク質はその機能に合った立体構造をもっている …… *136*
    2. タンパク質の立体構造を維持する力 …… *138*
    3. タンパク質の変性 …… *141*

第11章　核酸の化学

  1. **核酸の基本構造** …………………………………………………… *145*
  2. **デオキシリボ核酸（DNA）** ……………………………………… *147*
  3. **リボ核酸（RNA）** ………………………………………………… *149*
  4. **アデノシン三リン酸（ATP）** …………………………………… *149*
  5. **核酸系うま味物質** ………………………………………………… *150*

索　引 ……………………………………………………………………… *153*

序章　なぜ，化学を学ぶのか

1　化学とは何でしょうか

　これから皆さんが習おうとしているのは化学です。化学とは何なのでしょうか。化学とは，実は"化け学"です。比喩ではなく，本当に化け学なのです。つまり，化学とは，物が化けることを明らかにする学問です。物が化けるというのは，どういうことなのでしょうか。

　いま，灯油に火をつけたとします。ボッと燃えて後には何も残りません。液体の灯油が，炎（気体）に化けたのです。これを化学の目でみると，灯油の成分の炭化水素が空気中の酸素と反応して，二酸化炭素と水蒸気に変わったとみます。炭化水素は炭化水素分子から，酸素は酸素分子から，二酸化炭素も水も分子から構成されているとみます。このようにみると，物質の変化を説明しやすくなるのです。

　もうひとつの例をあげましょう。水を電気分解すると，水素と酸素に分かれます。液体の水が気体の水素と酸素に変わったのです。これも，水の分子が水素の分子と酸素の分子に変わったと考えると理解しやすいのです。さらに，これを記号で書くと次のようになります。

$$2H_2O \longrightarrow 2H_2 + O_2$$

　このように表現すると，水を電気分解すると，水素と酸素が2：1の割合で生成することが，よくわかります。

　化学は，このような約束事を少し憶えるだけで，物質の変化をよく理解できるのです。

2　ヒトの体のなかで起こっている化学

　人間は食物を摂り，命を永らえています。食物に含まれる栄養素という化学物質が，体の中でさまざまな化学反応を繰り返しているのです。その化学反応にかかわる化学物質の数は，そう多くはありません。

　生体にとって最も重要なタンパク質でもわずか20種類のアミノ酸から成り立っています。生命の設計図ともいわれるDNA（デオキシリボ核酸）の情

序章 なぜ，化学を学ぶのか

報量は2〜3億文字分に過ぎません。皆さんがお使いのパソコンのハードディスクのメモリが数百億文字分あるのを考えると，その少なさが実感できます。

ところが，その数が限られている生体成分の反応についても，いまだにすべての解明が終わっていません。いまでも，多くの難病の治療法がわからずにいます。多くの研究者が化学の知識を駆使して，新たな問題の解決に向け，日夜努力を続けています。皆さんも化学を学んで，その仲間入りをしませんか。

では，化学の世界の扉を開けましょう。

第1章 物質と原子

1 物質の成分

1 物質とは

　私たちの身のまわりにはいろいろな「モノ」があります。たとえば，講義室には，黒板，ホワイトボード，チョーク，マジックインキ，スライドプロジェクター，机，いすなどがあります。みなさんは，そこで，教科書，ノート，シャープペンシル，ラインマーカー，消しゴムなどを使って勉強します。休憩時間に食堂へ行くと，皿，コップ，スプーン，お箸などがあります。これらの「モノ」のことを「物体」といいます。また，お皿という1つの物体をとっても，紙のお皿，陶磁器のお皿，ガラスのお皿，プラスチックのお皿，金属のお皿などいろいろなものがあります。これらのお皿は，それぞれ紙，土や石，ガラス，プラスチック，金属などさまざまな素材からつくられています。物体を構成しているこの「素材」のことを「物質」とよびます。

2 純物質と混合物

　物質にもさまざまありますが，これらは大きく分けて，純物質と混合物の2つに分類することができます（図1-1）。純物質とは，1種類の物質からできている物質をいいますが，これは，さらに1種類の成分でできている単体と2種類以上の成分に分解できる化合物に分けることができます。たとえば，ダイヤモンドや純金などは単体で，水，塩などは化合物です。また，混合物は，空気，砂糖水などのように，2種類以上の物質が混ざり合ってで

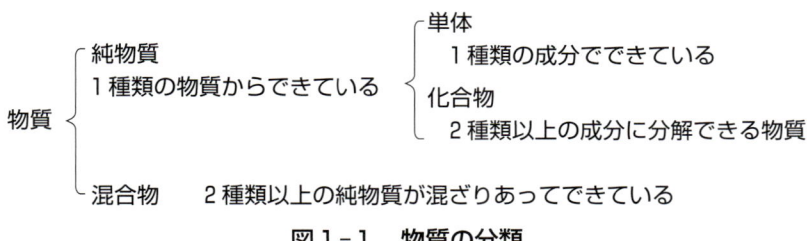

```
              ┌ 純物質            ┌ 単体
              │ 1種類の物質からできている   │  1種類の成分でできている
物質 ┤                           ┤ 化合物
              │                           └  2種類以上の成分に分解できる物質
              └ 混合物   2種類以上の純物質が混ざりあってできている
```

図1-1　物質の分類

1. 物質の成分

きている物質のことをいいます。空気は窒素や酸素などの混合物で，砂糖水はショ糖と水の混合物です。

私たちが日常，目にする物質は，純物質であることは少なく，そのほとんどが混合物です。これらの混合物から，それぞれの物質の性質をもとに純物質を分離することを**精製**といいます。いくつかの例をあげてみましょう（図1-2）。

ろ過

物質を大きさによって分離する方法です。たとえば，砂混じりの海水をろ紙でろ過すると，ろ紙の目よりも大きな砂は**ろ紙**の上に残り，小さな海水はろ紙を通り**ろ液**となります。

蒸留

沸点の異なる物質を分離する方法です。たとえば，海水をフラスコ内で加熱して生じた水蒸気を集めて冷却すると水だけがとり出せますし，海水に含まれていた塩分などはフラスコ内に残ります。

これら以外にも，水に対する溶けやすさの異なる物質を分離する**再結晶法**，密度・比重の異なる物質を分離する**遠心分離法**，ある物質（担体という）に対して吸着力の異なる物質を分離する**クロマトグラフィー法**などがあります。

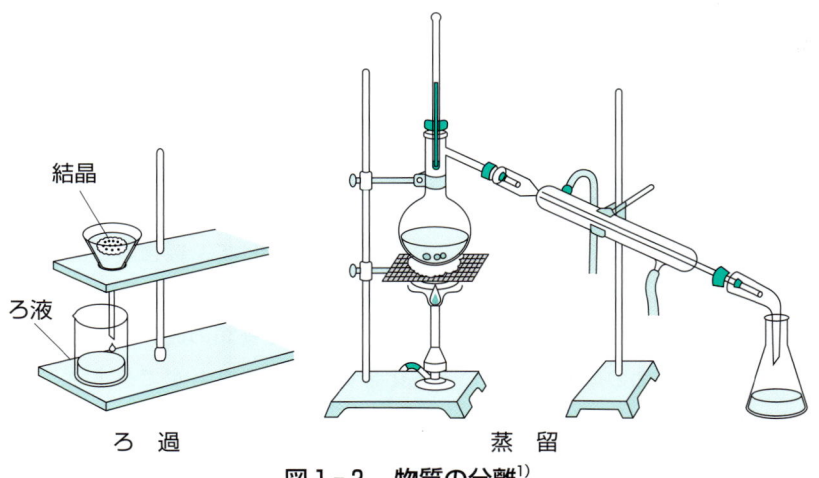

図1-2　物質の分離[1]

2 物質の構成要素

1 元　　素

　物質を構成する最も基本的な成分を元素といいます。現在までに，110種類以上が知られています。物質の種類は数え切れないぐらいありますが，そのすべてがこの少数の元素の組み合わせでできています。先ほどの例でいうと，単体のダイヤモンドは炭素から，純金は金から，化合物の水は水素と酸素から，塩はナトリウムと塩素からできています。これらの元素を表すために，元素記号が使われています。表1－1に元素名と元素記号の例をあげます。

表1－1　元素名と元素記号の例

元素名	英語名	元素記号
水素	Hydrogen	H
酸素	Oxygen	O
炭素	Carbon	C
ナトリウム	Sodium	Na
カルシウム	Calcium	Ca

2 同　素　体

　炭素だけから構成されている物質でも，鉛筆の芯に使われるグラファイト（黒鉛）とダイヤモンドのように見た目にもまったく異なる物質があります（図1－3）。このように，同じ元素からできている単体でも性質の異なる物質のことを同素体といいます。同素体は，互いに結晶の構造が異なっています。

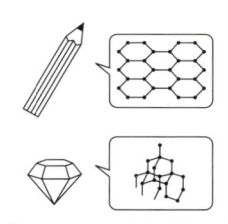

図1－3　グラファイトとダイヤモンド[2]

3 原　　子

　古代ギリシア時代，物質は4つの元素（火・水・土・空気）からできているという四元素説が唱えられていました。しかし，物質が何から構成されているかという命題に対する化学的答えを得るには，物質のもつ性質に関していくつかの法則が明らかになってきた19世紀まで待たねばなりませんでした。その法則とは，以下の3つの法則です。

(1) 質量保存の法則

　1772年に，ラボアジエは，「化学反応の前後では物質全体の質量は変わらない。」という質量保存の法則をうちたてました。これは，1gの水素と8gの酸素が反応すると9gの水ができるというものです。

(2) 定比例の法則

　1799年に，プルーストは，「1つの化合物をつくる成分元素の質量比は一定である。」という定比例の法則をみいだしました。たとえば，水であれば世界中どこの水でも，含まれている水素と酸素の質量比は，1：8であると

(3) 倍数比例の法則

1803年に，ドルトンは，「2つの元素が化合して，2種類以上の化合物をつくるとき，一方の元素の一定量と化合する他方の元素の質量比は，簡単な整数比になる。」という倍数比例の法則を唱えました。すなわち，一酸化炭素だと炭素と酸素の質量比は1：1.33ですが，二酸化炭素だと1：2.66となります。この場合，一定量の炭素と化合する酸素の質量比は1.33：2.66となるので，すなわち1：2となります。

これらの法則を説明するために，ドルトンは「単体も化合物もすべて粒子からできており，それぞれの元素の粒子（原子といい，ギリシア語で「分割できない」の意）は，固有の質量と大きさをもっていて分割できない。」という原子説を提唱しました。混同しやすいのですが，元素とは物質を構成している要素の種類を表し，原子は元素の粒子自身をさします。

4 分子

1809年，ゲイリュサックは，「気体が反応して他の気体に変わるとき，反応前後に生成する気体の体積は，一定温度，一定圧力のもとでは簡単な整数比になる。」という気体反応の法則をみいだしました。たとえば，水素と酸素が反応して水（蒸気）ができるとき，水素の体積：酸素の体積：水（蒸気）の体積は2：1：2となります。これを説明するために，ゲイリュサックは原子説を用いて，「すべての気体は，同温，同圧のもとでは同体積中に同数の原子数を有する。」と仮定して図のように説明しようとしました（図1-4）。

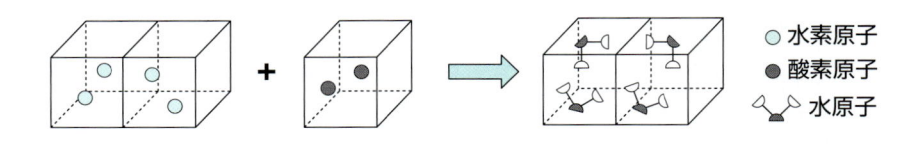

図1-4　原子説[3]

しかし，この考え方だと，原子を分割すれば説明できますが，原子は定義上，分割できないため，矛盾が生じました。化学にかぎらず，物理学・生物学・地学など自然科学の世界ではよくあることですが，このように1つの考え方でいろいろなことを説明しようとしても，どこかで，その考え方で説明できない矛盾点が生じることがあります。そのときこそ，新しい考え方がみつかるチャンスなのです。事実，1811年，アボガドロは，「気体はいくつか

の原子が結びついた分子という基本粒子からできている。」という**分子説**を提唱しました。たとえば，2個の水素原子が結びついて気体の水素分子が1個，2個の窒素原子が結びついて気体の窒素分子が1個できあがります。これらの分子は，それ以上分解すると気体の水素や気体の窒素としての性質を失ってしまう基本粒子です。また，アボガドロは，「すべての気体は，同温，同圧のもとでは同体積中に同数の分子数を有する。」という考えで気体反応の法則をみごとに説明しました（図1-5）。これを**アボガドロの法則**といいます。

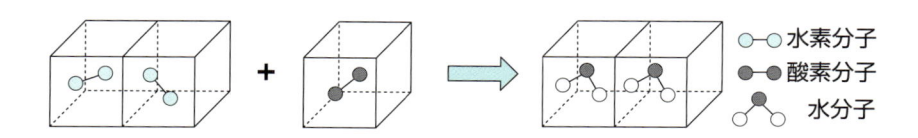

図1-5　分子説[3]

5　イオン

塩化ナトリウムの水溶液に電圧をかけると電流を生じますが，ショ糖の水溶液に電圧をかけても電流は生じません。これは，水溶液中では塩化ナトリウムから分離した**電荷**[注1]をもつ粒子（イオンという）が存在するためです。**イオン**には，正（＋）の電荷をもつ**陽イオン**と負（－）の電荷をもつ**陰イオン**があります。このように水に溶けたときイオンを生じることを電離といいます。また，塩化ナトリウムのように水溶液中で電離する物質のことを電解質といい，ショ糖のように電離しない物質のことを非電解質といいます。塩化ナトリウムの場合，電離して，ナトリウムイオンと塩化物イオンを1：1で生じます。

注1）電荷
すべての電気現象の根本となる実体で，物質が電気量をもつこと。

3　原子の構造

1　原子の構成

元素の種類によって原子の大きさや質量は異なっていますが，いずれも直径はおよそ10^{-10} mと非常に小さいものです。原子の大きさを野球のボールにたとえると，実際の野球のボールは地球と同じ大きさになります。

原子は，原子核と電子から構成されています。**原子核**は原子の中心に存在しており，直径がおよそ$2 \times 10^{-15} \sim 1.6 \times 10^{-14}$ mです。その中に，正（＋）

3. 原子の構造

の電荷をもつ**陽子**と電荷をもたない**中性子**が含まれています。一方，**電子**は，負（−）の電荷をもち，原子核のまわりを飛びまわっています。たとえば，ヘリウムは陽子数が 2 個，中性子数が 2 個，電子数が 2 個です（図 1-6）。このように，1 つの原子では陽子数と電子数はつねに等しいので，原子は電気的に中性となります。また，原子と原子核の大きさの比は，大きな野球場の中の 1 円玉の比とほぼ同じです。したがって，電子はかなり疎な空間の中を飛びまわっているといえます。

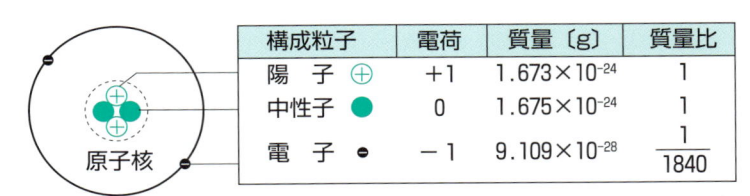

構成粒子	電荷	質量〔g〕	質量比
陽　子 ⊕	+1	1.673×10^{-24}	1
中性子 ●	0	1.675×10^{-24}	1
電　子 ●	−1	9.109×10^{-28}	$\dfrac{1}{1840}$

図 1-6　ヘリウム原子の構成[3]

　元素の種類の違いは陽子数の違いにあります。たとえば，ヘリウムは陽子は 2 個ですが，酸素は陽子は 8 個というぐあいです。そこで，陽子数をもとにして，それぞれの元素に**原子番号**がつけられました。また，陽子は中性子とほぼ同じ質量ですが，電子はその約 1,840 分の 1 の質量と，全体に対して無視できるぐらい非常に軽いものです（図 1-6）。したがって，原子の質量は陽子と中性子の数でほぼ決まるといえるため，陽子数と中性子数の和を**質量数**と表します。原子は元素記号の左下に原子番号を，左上に質量数をつけて表します（図 1-7）。

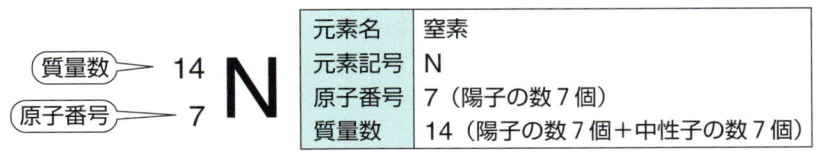

元素名	窒素
元素記号	N
原子番号	7（陽子の数 7 個）
質量数	14（陽子の数 7 個＋中性子の数 7 個）

質量数　14
原子番号　7　N

図 1-7　元素記号・原子番号・質量数の表し方

２　同 位 体

　同じ元素でも質量数の異なる原子，すなわち，陽子数が同じで中性子数が異なる原子を互いに**同位体**といいます。水素は陽子数が 1 ですが，天然には中性子をもたない水素と中性子が 1 個の重水素，中性子が 2 個の三重水素が存在します（図 1-8）。

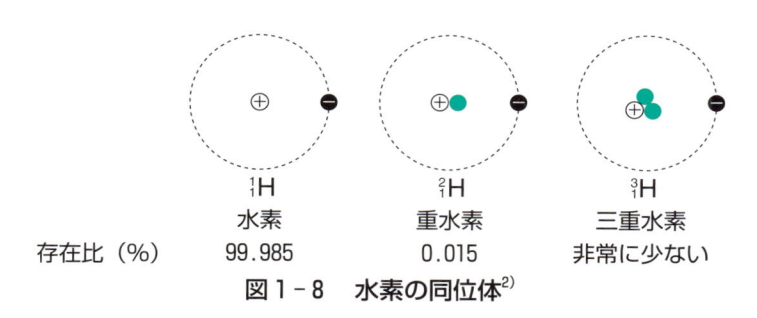

存在比（％）　　　　99.985　　　　　0.015　　　　　非常に少ない

図1-8　水素の同位体[2]

3　原子内の電子配置

　1913年，ボーアは，原子核のまわりをまわっている電子が同心円状のいくつかの決まった空間に存在しているというモデルを提唱しました（図1-9）。

　この軌道のことを**電子殻**といい，内側から**K殻**，**L殻**，**M殻**，**N殻**……といいます。それぞれの殻には，最大限存在することができる電子数が決まっており，最大数の電子が存在した電子殻を閉殻といいます。表1-2には原子番号1～18の原子の電子配置を示します。電子は，基本的に内側の軌道から順にはいっていきます。電子の電子殻への配分のされ方を**電子配置**といいます。また，電子殻のうち一番外側に存在する電子殻に含まれる電子のことを**最外殻電子**といいます。最外殻電子数には1～8のくり返しがみられます。

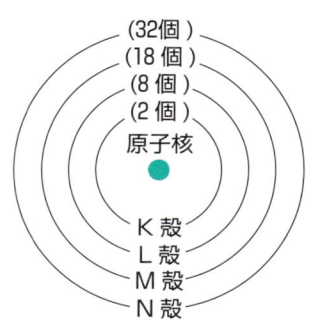

図1-9　電子殻と収容電子の最大数[2]

表1-2　原子の電子配置

原子番号	元素記号（元素名）	電子配置 K殻	原子番号	元素記号（元素名）	電子配置 K殻	L殻	原子番号	元素記号（元素名）	電子配置 K殻	L殻	M殻
1	H（水素）	1 (1)	3	Li（リチウム）	2	1 (1)	11	Na（ナトリウム）	2	8	1 (1)
2	He（ヘリウム）	2 (0)	4	Be（ベリリウム）	2	2 (2)	12	Mg（マグネシウム）	2	8	2 (2)
			5	B（ホウ素）	2	3 (3)	13	Al（アルミニウム）	2	8	3 (3)
			6	C（炭素）	2	4 (4)	14	Si（ケイ素）	2	8	4 (4)
			7	N（窒素）	2	5 (5)	15	P（リン）	2	8	5 (5)
			8	O（酸素）	2	6 (6)	16	S（イオウ）	2	8	6 (6)
			9	F（フッ素）	2	7 (7)	17	Cl（塩素）	2	8	7 (7)
			10	Ne（ネオン）	2	8 (0)	18	Ar（アルゴン）	2	8	8 (0)

（　）内は価電子数

◆ 3. 原子の構造

⬠4 価 電 子

　原子が他の原子と結びつくとき，特に重要なはたらきをしているのが**価電子**です。通常，**最外殻電子**が価電子としてはたらきます。He や Ne は，最外殻にそれぞれ 2 個と 8 個の電子が存在していて閉殻になっていますし，最外殻に電子を 8 個もつ Ar も安定しています。このように閉殻になっていたり，最外殻に電子が 8 個ある（オクテット構造という）とき，原子は安定して他の原子と反応しません。このとき，価電子数は 0 とみなします。したがって，価電子数は 0 ～ 7 で表されます（表 1 - 2）。

⬠5 元素の周期律

　元素を原子番号の順番に並べていくと，互いに性質のよく似た元素が周期的に現れることがわかりました。これを元素の**周期律**といいます。たとえば，表 1 - 2 のように，価電子数は周期的に変化しています。また，原子の化学的性質のうち，原子から電子を 1 個取り去って，1 価の陽イオンにするのに必要なエネルギーを**第 1 イオン化エネルギー**といいますが，これも周期的に変化しています（図 1 -10）。

原子（±0）−電子（−）
＝陽イオン（＋）

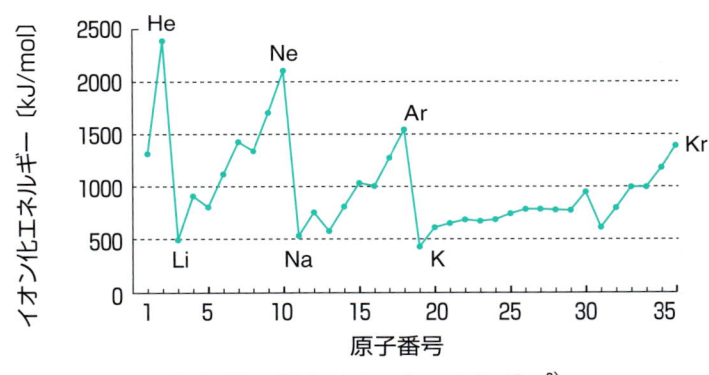

図 1 -10　第 1 イオン化エネルギー[2]

原子（±0）＋電子（−）
＝陰イオン（−）

　一方，原子が電子を 1 個受け取って，1 価の陰イオンになったときに放出するエネルギーを**電子親和力**といい，これも周期的に変化しています（図 1 -11）。

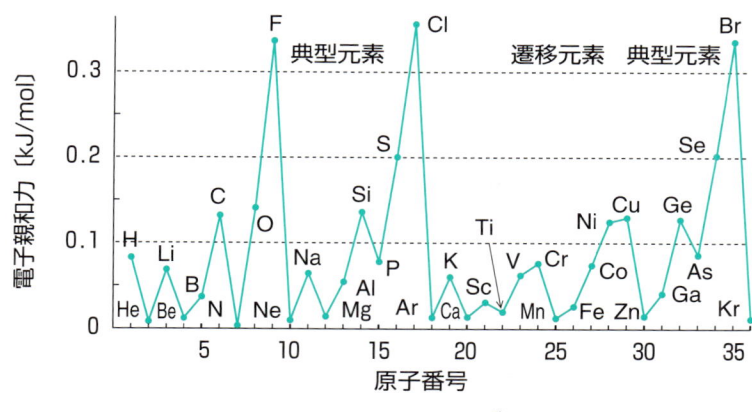

図1-11　電子親和力[2]

6　元素の周期表

　元素を原子番号の順に並べて，性質のよく似た元素が縦にそろうように並べた表を元素の周期表といいます（図1－12）。1869年，メンデレーエフは周期律をもとに元素の周期表を作成しました。当時は，すべての元素が発見されていたわけではなかったため，周期表には空欄がありましたが，彼はそれに対応する元素の存在と性質を予測しました。後に発見された元素は，彼の予測した性質と確かに一致していました。

　周期表で横の行を周期，縦の列を族といいます。現在の周期表は，第1周期から第7周期，第1族から第18族で構成されています。同じ周期では，最外殻の電子殻（K殻，L殻など）は同じになります。また，同じ族の元素どうしを同族元素といい，互いに価電子数が同じで化学的性質が似ています。水素を除く1族元素のLi, Na, Kはアルカリ金属とよばれています。これらはすべて価電子数が1であり，第1イオン化エネルギーも同程度であり，1

図1-12　元素の周期表[2]

3. 原子の構造

価の陽イオンになりやすいという共通の性質をもっています。同様に、BeやMg以外の2族の元素は**アルカリ土類金属**とよばれています。また、**ハロゲン**とよばれる17族元素のF, Clは価電子数が7であり、電子親和力が同程度で、1価の陰イオンになりやすい性質をもっています。希ガスとよばれるHe, Ne, Arなどの18族元素は価電子数が0です。**希ガス**は、原子が単独で存在して、他の分子と化合物をつくることがなく、非常に安定な、すなわち、反応性に乏しい元素です。

1族〜2族および12族〜18族の元素を**典型元素**といいます。典型元素では、原子番号の増加により価電子数が周期的に変化しています。また、典型元素では、18族を除いて族番号の1の位の数が価電子数を示します。なお、12族は価電子数が2となります。一方、3族〜11族の元素を**遷移元素**といい、原子番号の増加と最外殻電子数の増加が一致しません。

元素は、金属元素と非金属元素にも分けられます。一般に、価電子数が少なく、電子を放出しやすい元素を金属元素といいます。アルカリ金属・アルカリ土類金属およびすべての遷移元素は**金属元素**に分類されます。一方で、ハロゲンなどのように**非金属元素**は一般に価電子数が大きく、電子を受け取りやすい性質があります。非金属元素は、すべて典型元素です。ただし、典型元素がすべて非金属元素ではありません。Zn, Cd, Hgなどは典型元素ですが、金属元素です。

周期表を覚えるために、

水　兵　の　リ　ー　ベ　ぼ　く　の　ふ　ね　七　曲がり　シップ　ス　クラー　ク　か
H　He　Li　Be　B　C　N　O　F　Ne　Na　Mg　Al　Si　P　S　Cl　Ar　K　Ca

というごろ合わせがよく使われています。

7 原子量・分子量・式量

原子1個の質量は、10^{-27}〜10^{-24} kgときわめて小さいため、何をするにも非常に扱いにくくなります。そこで、炭素原子^{12}C 1個の質量を厳密に12と定義し、各々の原子を相対質量で表すことにしています。相対的なので単位はありません。**原子量**は、自然界に存在する元素の同位体の存在比を考慮して、平均した値として表します（表1−3）。また、**分子量**は、分子を構成しているすべての原子の原子量の和で表します（表1−4）。たとえば、水は水素原子2個と酸素原子1個で構成されているので、H_2Oと表します。したがって、水の分子量は、水素原子量1.0×2と酸素原子量16.0の和で、18.0となります。イオンなど組成式で表される物質も、構成している元素の原子量の総和で質量が求められます。これを**式量**といいます。

表1-3 原子量

原子番号	元素記号	原子量
1	H	1.0
6	C	12.0
7	N	14.0
8	O	16.0
11	Na	23.0
17	Cl	35.5

表1-4 分子量

分子名	分子式	分子量
水素	H_2	$1.0 \times 2 = 2.0$
酸素	O_2	$16.0 \times 2 = 32.0$
水	H_2O	$1.0 \times 2 + 16.0 = 18.0$
アンモニア	NH_3	$14.0 \times 1 + 1.0 \times 3 = 17.0$
メタン	CH_4	$12.0 \times 1 + 1.0 \times 4 = 16.0$
二酸化炭素	CO_2	$12.0 + 16.0 \times 2 = 44.0$
グルコース	$C_6H_{12}O_6$	$12.0 \times 6 + 1.0 \times 12 + 16.0 \times 6 = 180.0$

● 引用文献

1) 丸山和博, 石澤昭雄, 瀬口和義, 富田恒夫：現代の一般化学, 培風館.
2) 岸川卓央, 齋藤 潔, 成田 彰, 森安 勝, 渡辺祐司：絵ときでわかる基礎化学, オーム社.
3) 佐野博敏ら：改訂 化学Ⅰ, 第一学習社.

章末問題

A. 次の1～11の問題に答えなさい。

1．次の①～⑩の元素の元素記号を（　）の中に記入しなさい。

① 水素（　）　② 炭素（　）　③ ナトリウム（　）　④ 酸素（　）　⑤ アルゴン（　）

⑥ マグネシウム（　）　⑦ ホウ素（　）　⑧ カルシウム（　）

⑨ 塩素（　）　⑩ ケイ素（　）

2．次の①～⑩の元素記号の元素名を（　）の中に記入しなさい。

① He（　）　② N（　）　③ Al（　）　④ P（　）　⑤ K（　）

⑥ Be（　）　⑦ F（　）　⑧ S（　）　⑨ Ne（　）　⑩ Li（　）

3．次の①～⑤の元素の原子番号を（　）の中に記入しなさい。

① B（　）　② F（　）　③ H（　）　④ K（　）　⑤ Si（　）

4．次の①～⑤の元素の電子数を（　）の中に記入しなさい。

① Ca（　）　② Li（　）　③ O（　）　④ Na（　）　⑤ Ar（　）

5．次の①～⑤の元素の質量数を（　）の中に記入しなさい。

① $^{12}_{6}C$（　）　② $^{27}_{13}Al$（　）　③ $^{28}_{14}Si$（　）　④ $^{35}_{17}Cl$（　）　⑤ $^{39}_{19}K$（　）

6．次の①～⑤の中性子数を（　）に記入しなさい。

① $^{14}_{7}N$（　）　② $^{15}_{7}N$（　）　③ $^{16}_{8}O$（　）　④ $^{17}_{8}O$（　）　⑤ $^{37}_{17}Cl$（　）

7．中性子数が^{38}Arと同じものはどれか。番号を答えなさい。

① ^{12}C　② ^{27}Al　③ ^{30}Si　④ ^{35}Cl　⑤ ^{39}K

8．元素の周期律表を見て, 2つの原子番号の和を（　）に記入しなさい。

① FとNa（　）　② OとMg（　）　③ NとAl（　）　④ BとP（　）

⑤ BeとSi（　）

章末問題

9．2つの原子 $^{14}_{6}C$ と $^{16}_{8}O$ の間で互いに等しいものは，次のうちのどれか。番号を答えなさい。
　① 質量数　② 陽子数　③ 中性子数　④ 電子数　⑤ 原子番号

10．次の①〜⑤の電子数の和を（　）中に記入しなさい。
　① H_2O（　）　② CH_4（　）　③ CO_2（　）　④ NH_3（　）　⑤ MgO（　）

11．次の①〜⑩の価電子数を（　）に記入しなさい。
　① $_1H$（　）　② $_6C$（　）　③ $_7N$（　）　④ $_8O$（　）　⑤ $_{10}Ne$（　）　⑥ $_{11}Na$（　）
　⑦ $_{12}Mg$（　）　⑧ $_{15}P$（　）　⑨ $_{17}Cl$（　）　⑩ $_{20}Ca$（　）

B．次の物質の分子量・式量を求めなさい。また，計算式も示しなさい。ただし，原子量は，
　H＝1, C＝12, O＝16, Na＝23, Mg＝24, Cl＝35.5 とします。

（1）H_2　　　　（計算式）_____　（答）_____

（2）O_2　　　　_____　_____

（3）CO_2　　　_____　_____

（4）H_2O　　　_____　_____

（5）NaCl　　　 _____　_____

（6）$MgCl_2$　　_____　_____

（7）HCl　　　　_____　_____

（8）NaOH　　　_____　_____

（9）$C_6H_{12}O_6$　_____　_____

（10）C_2H_5OH　_____　_____

解答

A．

1．① H　② C　③ Na　④ O　⑤ Ar　⑥ Mg　⑦ B　⑧ Ca　⑨ Cl　⑩ Si

2．① ヘリウム　② 窒素　③ アルミニウム　④ リン　⑤ カリウム　⑥ ベリリウム
　⑦ フッ素　⑧ イオウ　⑨ ネオン　⑩ リチウム

3．① 5　② 9　③ 1　④ 19　⑤ 14

4．① 20　② 3　③ 8　④ 11　⑤ 18

5．① 12　② 27　③ 28　④ 35　⑤ 39

第1章　物質と原子

6. ① 7　② 8　③ 8　④ 9　⑤ 20
7. ⑤
8. ① 20　② 20　③ 20　④ 20　⑤ 18
9. ③
10. ① 10　② 10　③ 22　④ 10　⑤ 20
11. ① 1　② 4　③ 5　④ 6　⑤ 0
　　⑥ 1　⑦ 2　⑧ 5　⑨ 7　⑩ 2

B.

		（計算式）	（答）
(1)	H_2	$1×2=2$	2
(2)	O_2	$16×2=32$	32
(3)	CO_2	$12×1+16×2=44$	44
(4)	H_2O	$1×2+16=18$	18
(5)	NaCl	$23×1+35.5×1=58.5$	58.5
(6)	$MgCl_2$	$24×1+35.5×2=95$	95
(7)	HCl	$1×1+35.5×1=36.5$	36.5
(8)	NaOH	$23×1+16×1+1×1=40$	40
(9)	$C_6H_{12}O_6$	$12×6+1×12+16×6=180$	180
(10)	C_2H_5OH	$12×2+1×5+16×1+1×1=46$	46

第2章　化学結合

　希ガスは価電子数が0であり，非常に安定していて他の原子と反応しません。一方，価電子数が1～7の原子は不安定です。したがって，これらの原子は他の原子と反応して価電子数を0に，すなわち安定になろうとします。ここで生じるのが化学結合です。化学結合には，原子どうしで生じる結合（原子間結合）と分子どうしで生じる結合（分子間結合）があります。

1　原子間結合

　原子間結合の化学結合の様式には，イオン結合，共有結合，配位結合，金属結合などがあります。

1　イオンのでき方

　イオンが生じるには，第1イオン化エネルギーや電子親和力などが関係しています。第1イオン化エネルギーが小さいほど陽イオンになりやすく，大きいほど陽イオンになりにくくなります（第1章　図1-10参照）。また，電子親和力が大きいほど陰イオンになりやすく，小さいほど陰イオンになりにくくなります（1章　図1-11参照）。それぞれいくつかの例をみてみましょう。
　まず，ナトリウムNaの場合ですが

Na（K殻=2, L殻=8, M殻=1）$\longrightarrow$ Na$^+$（K殻=2, L殻=8）

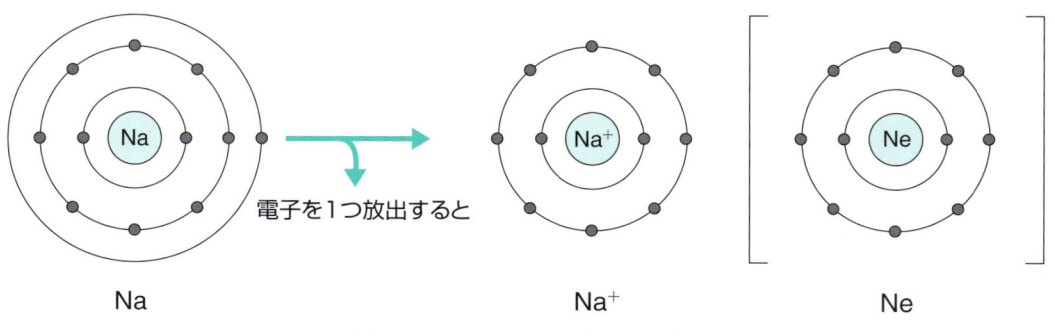

図2-1　ナトリウムイオンの生成

Naは価電子数1です。したがって，この電子（e^-）を1個放出すると最外殻電子数が8となり，Neと同じ電子配置になり安定します。このとき，負の電荷をもつ電子を1つ失うため，Naは正の電荷を1個もつナトリウムイオンNa^+になります（図2-1）。

次に，カルシウムCaの場合ですが

Ca（K殻＝2，L殻＝8，M殻＝8，N殻＝2）⟶ Ca^{2+}（K殻＝2，L殻＝8，M殻＝8）

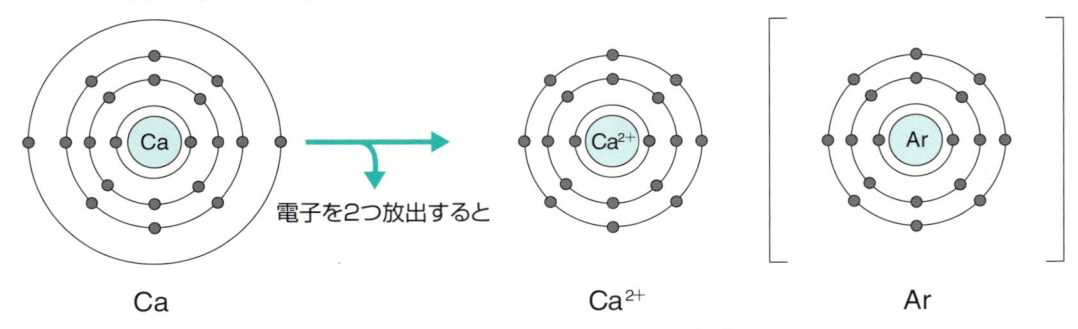

電子を2つ放出すると

Ca　　　　　　　　Ca^{2+}　　　　　　Ar

図2-2　カルシウムイオンの生成

Caは価電子数2ですので，これらの電子を2個放出すると最外殻電子数が8となり，Arと同じ電子配置になり安定します。このとき，負の電荷をもつ電子を2つ失うため，Caは正の電荷を2個もつカルシウムイオンCa^{2+}になります（図2-2）。

このように，価電子数の小さな原子は，電子を放出することで陽イオンになります。このとき，電子を1個放出すると1価の陽イオン（＋）に，2個放出すると2価の陽イオン（2＋）になります。イオンはイオン式で表します。元素記号の右上に，陽イオンは＋を，陰イオンは－をつけ，イオンの価数をその記号の前につけます（1の場合は省略）。

一方，塩素Clの場合ですが

Cl（K殻＝2，L殻＝8，M殻＝7）⟶ Cl^-（K殻＝2，L殻＝8，M殻＝8）

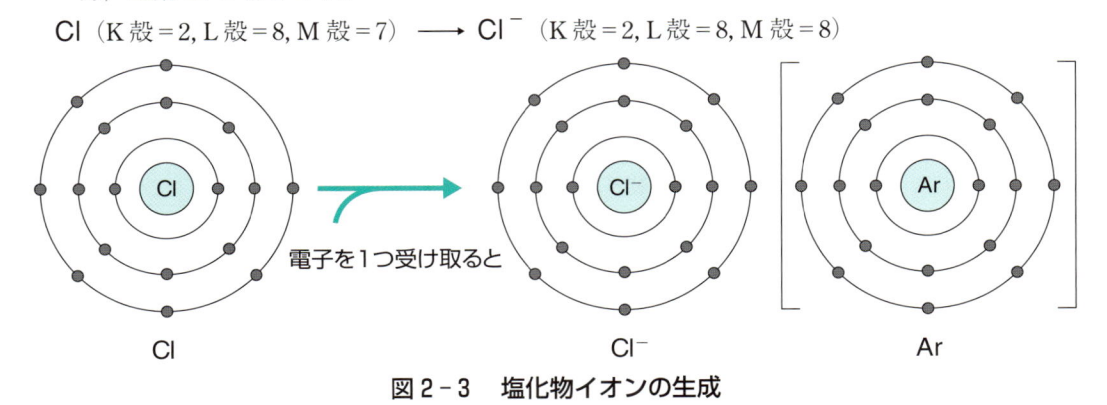

電子を1つ受け取ると

Cl　　　　　　　　Cl^-　　　　　　　Ar

図2-3　塩化物イオンの生成

価電子数7のClが電子を1個受け取ると最外殻電子数が8となり，Arと

17

1. 原子間結合

同じ電子配置になり安定します。このとき、負の電荷をもつ電子を1つ受け取るため、Cl は負の電荷を1個もつ塩化物イオン Cl⁻ になります（図2-3）。

同様に、酸素 O の場合ですが、

O（K殻＝2, L殻＝6） ⟶ O^{2-}（K殻＝2, L殻＝8）

電子を2つ受け取ると

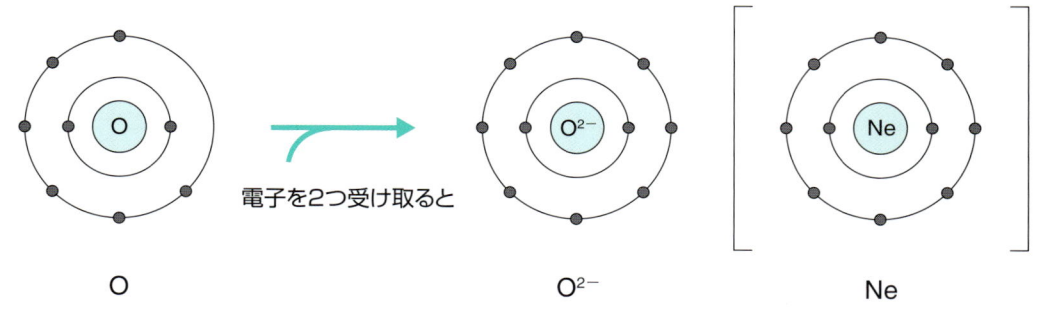

O　　　　　　　　　O^{2-}　　　　　　　　Ne

図2-4　酸化物イオンの生成

価電子数6の O が電子を2個受け取ると最外殻電子数が8となり、Ne と同じ電子配置になり安定します。このとき、負の電荷をもつ電子を2個受け取るため、O は負の電荷を2個もつ酸化物イオン O^{2-} になります（図2-4）。

すなわち、価電子数の大きな原子は、電子を受け取って陰イオンになります。このとき、電子を1個受け取ると1価の陰イオン（−）に、2個受け取ると2価の陰イオン（2−）になります。

イオンには、これらのように原子1個からなる**単原子イオン**以外にも、複数の原子からなる**多原子イオン**があります（表2-1）。

表2-1　単原子イオンと多原子イオン

単原子イオン		多原子イオン	
イオン式	名　称	イオン式	名　称
H^+	水素イオン	NH_4^+	アンモニウムイオン
Na^+	ナトリウムイオン	OH^-	水酸化物イオン
Zn^{2+}	亜鉛イオン	NO_3^-	硝酸イオン
Cu^{2+}	銅イオン	CH_3COO^-	酢酸イオン
Al^{3+}	アルミニウムイオン	CO_3^{2-}	炭酸イオン
F^-	フッ化物イオン	SO_4^{2-}	硫酸イオン
Cl^-	塩化物イオン	PO_4^{3-}	リン酸イオン
O^{2-}	酸化物イオン		

2 イオン結合

陽イオンと陰イオンが電気的に引きあう力（静電的引力またはクーロン力）により結合して化合物をつくることを**イオン結合**といいます（図2-5）。イオン結合は、一般に金属元素のイオンと非金属元素のイオンの間で生じます。

塩化ナトリウムの例をみてみましょう。

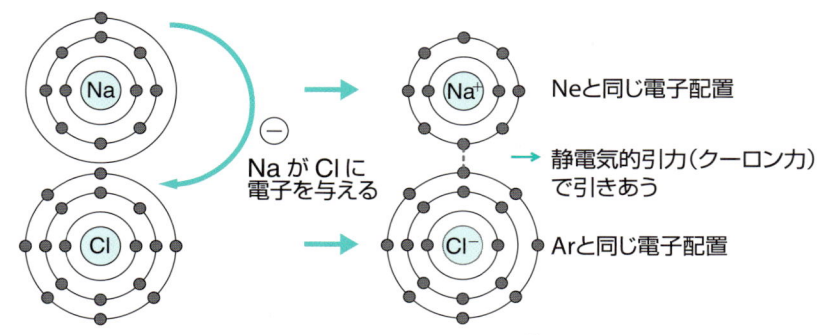

図2-5　イオン結合[1]

NaはClに電子を1つ与えてNa$^+$に，ClはNaから電子を1つ受け取ってCl$^-$になります。これらは，互いに＋と－の力で引きあって結合します。塩化ナトリウムは，同数のNa$^+$とCl$^-$から結晶ができているため，電気的には中性です。水に溶けるとそれぞれのイオンがばらばらになり電離します。**イオン結晶**[注1]は硬くてもろく，また，融点が高く，高温で融解したものと水溶液は電気を通すという性質をもちます。イオン結合は，NaClのように，陽イオンを前に，陰イオンを後ろにした組成式で表します。また，下式のように陽イオンの価数の和と陰イオンの価数の和が等しくなるように書きます。

（陽イオンの価数）×（陽イオンの数）
＝（陰イオンの価数）×（陰イオンの数）

たとえば，塩化マグネシウムだと，2価の陽イオンであるMgイオン1個は，1価の陰イオンである塩化物イオン2個と結合するため，MgCl$_2$となります。

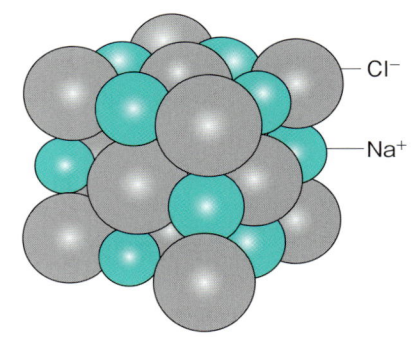

図2-6　塩化ナトリウム（NaCl）の構造

注1）イオン結晶
陽イオンと陰イオンが交互に規則的に配列した結晶。

3　共有結合

非金属元素どうしが，互いに電子を共有することによって形成される結合を**共有結合**といいます。共有結合により形成される原子の集まりのことを**分子**[注2]といいます。表2-2には元素記号の周囲に**価電子**を・で表しました。これを**点電子式**といいます。

非金属元素のうち価電子数が4個以下の場合，それぞれの価電子は単独で存在しています。これらの電子を**不対電子**（・）といいます。また，価電子数が4個を超えると2個で1組のペアーをつくります。これらの電子を**電子対**（：）とよびます。したがって，この場合，価電子数が増えると不対電子

注2）分子
電子を共有することによって原子が集まったものを分子といいます。単に電気的に原子が引きつけあっているイオン結晶には分子に相当するものはありません。

1. 原子間結合

表2-2 不対電子

元素の種類	H	C	N	O
点電子式	H·	·Ċ·	·N̈:	:Ö:
価電子数	1	4	5	6
不対電子数（原子価）	1	4	3	2

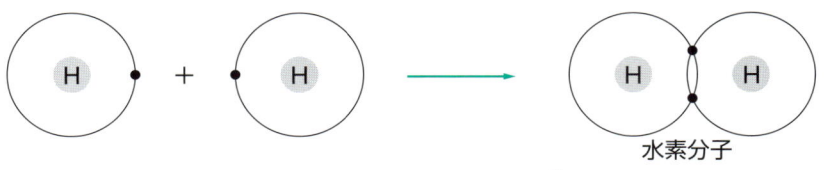

図2-7 水素分子の形成[2)]

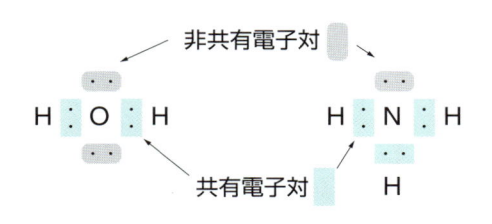

図2-8 共有電子対と非共有電子対

数は減ることになります。表2-2に不対電子の数を示します。複数の原子が接近すると，互いの電子殻が重なり合い不対電子（•）が共有されて電子対（:）となることで，共有結合が生じます（図2-7）。したがって，不対電子の数は，その原子が最大でいくつの他の原子と共有結合できるかを示しています（原子価とよぶ）。このとき共有される電子対を共有電子対といい，共有されない電子対を**非共有電子対**といいます（図2-8）。共有電子対が1つの場合を単結合，2つの場合を二重結合，3つの場合を三重結合といい，それぞれ価標を用いて，―，＝，≡と表します。価標を用いて表した式を**構造式**といいます（図2-9）。原子価は，その原子が結合に使うための手を何本もっているかということによくたとえられます。また，二重結合とは2本の手を使って同じ原子と結合することにたとえられます。

物質名	水素	酸素	窒素	アンモニア	水	二酸化炭素
分子式	H_2	O_2	N_2	NH_3	H_2O	CO_2
点電子式	H:H	Ö::Ö	:N:::N:	H:N̈:H 　　H	H:Ö:H	Ö::C::Ö
構造式	H―H	O=O	N≡N	H―N―H 　　H	H―O―H	O=C=O

図2-9 共有結合をもつ化合物の例

共有結合の結晶は，非常に多数の原子が規則正しく配列し，巨大な結晶となったもの（巨大分子とよぶ）で，融点が高く，硬くて，電気を通さない性質をもちます。ただし例外もあり，グラファイトは電気伝導性をもちます。図2-10に，ダイヤモンドとグラファイトの結晶構造を示します。どちらも炭素からできていますが，このように構造が異なるため，性質も価値もちがっています。

ダイヤモンド　　　　　　　グラファイト

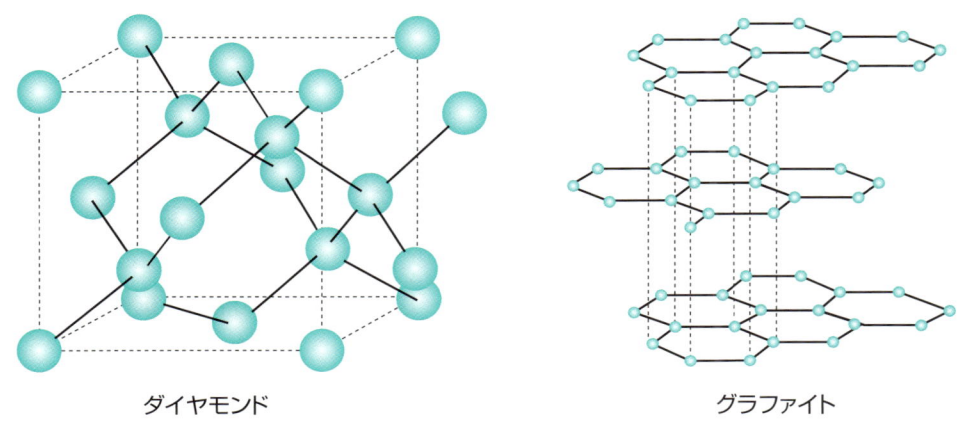

図2-10　ダイアモンドとグラファイトの結晶構造

4　配位結合

非共有電子対と相手原子との間で生じる共有結合を**配位結合**といいます。一般の共有結合では，結合する両方の原子から1つずつ不対電子が提供されますが，配位結合では，共有される電子が2つとも一方の原子から提供されるのが特徴です。アンモニアNH_3と水素イオンH^+からアンモニウムイオンNH_4^+が生じる配位結合をみてみましょう（図2-11）。

図2-11　アンモニウムイオンの生成[3]

この場合では，アンモニアの非共有電子が2つとも，H^+に提供されています。

5　金属結合

元素のうち約80％が金属元素です。金属原子が単体結晶をつくるときの結合を**金属結合**といいます。金属原子の価電子は，特定の原子の原子核にのみ拘束されるのではなく，すべての金属陽イオンに共有されているため，自由に飛びまわっています。このような電子を**自由電子**といいます（図2-12）。

金属結合結晶の特徴は，特有の光沢をもっていること，また，融点が高く，

◆ 2. 分子間結合

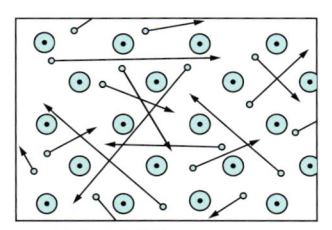

○ は自由電子
⊙ は金属陽イオン

図 2 -12　金属イオンと自由電子[1]

熱や電気をよく導き，展性や延性に富むことにあります。たとえば，アルミニウムは非常に良く熱を導くので，冷却することの多いジュース等の缶によく使われています。金属に電圧をかけると電流が流れます（図 2 -13）。また，金属は叩いたり，引っ張ったりすることで容易に変形して，金箔のように薄く広がったり（展性），細い線にすることができます（延性）（図 2 -14）。

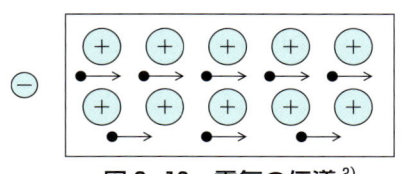

図 2 -13　電気の伝導[2]

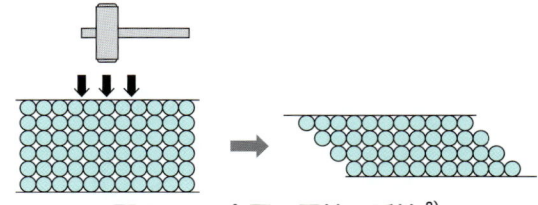

図 2 -14　金属の展性・延性[2]

2　分子間結合

分子間結合には水素結合やファンデルワールス力（分子間力）などがあります。分子間結合は原子間結合にくらべると，非常に弱い結合です。その中でも，水素結合はファンデルワールス力よりも強い結合です。

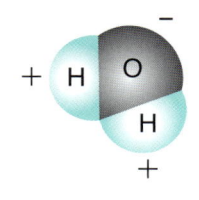

1　水 素 結 合

図 2 -15　水分子の極性[4]

水（H_2O）は，H 原子と O 原子が共有結合したものです。ここで，O 原子のほうが，H 原子よりも電子を引き寄せる力（電気陰性度）が強いため，共有電子対は O 原子側にわずかにかたよっています（図 2 -15）。このことを分極といいます。したがって，O 原子はわずかに負（－）に，逆に H 原子はわずかに正（＋）に荷電するため，水分子は極性を示します。このように極性をもつ分子を極性分子，極性をもたない分子を無極性分子といいます。

1 つの H_2O 分子の H 原子（わずかに＋）と別の水分子の O 原子（わずかに－）との間に静電的な引力がはたらいて弱い結合を生じます。このように H 原子が介在する結合を水素結合といいます。たとえば，遺伝子の本体であるデオキシリボ核酸（DNA）は二重らせん構造をしています。二重らせん構造の内側は，塩基対どうしが相補的に結合し，アデニン（A）－チミン（T），グアニン（G）－シトシン（C）の塩基対を形成しています。ここではたら

いている結合が水素結合です（図2-16）。DNAは加熱すると，水素結合が切断されて容易に一本鎖になり，冷却すると水素結合が生じて二本鎖に戻ります。しかし，DNAの糖－リン酸骨格は共有結合でできているため，加熱程度では切断されない強い結合です。

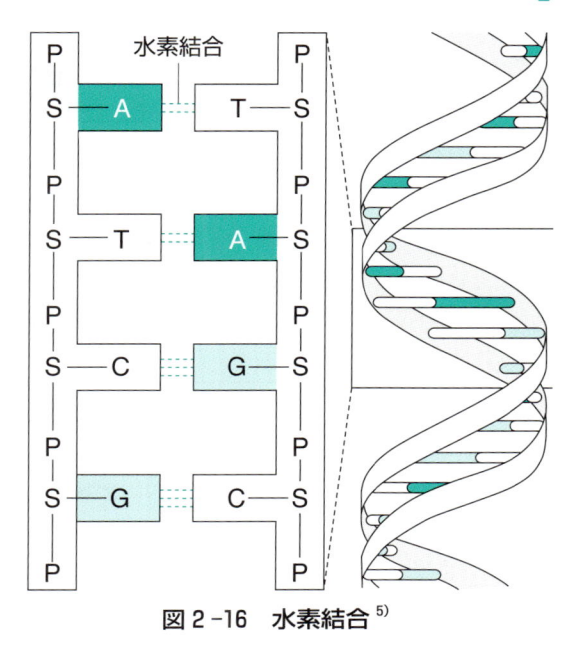

図2-16　水素結合[5]

2　ファンデルワールス力（分子間力）

　無極性分子どうしにも，互いに引きつけあう非常に弱い相互作用があります。この力を**ファンデルワールス力**または**分子間力**といい，分子どうしの距離が近づいたときにのみはたらきます。ドライアイスを例にあげてみましょう。ドライアイスは，圧力をかけたCO_2分子から構成されており，互いの分子が非常に近接しているため，ファンデルワールス力がはたらいています。しかし，ドライアイスは時間とともに，どんどん小さくなっていきます。これは，弱いファンデルワールス力を振りきって，CO_2分子が飛びだしていくためです。

● 章末問題

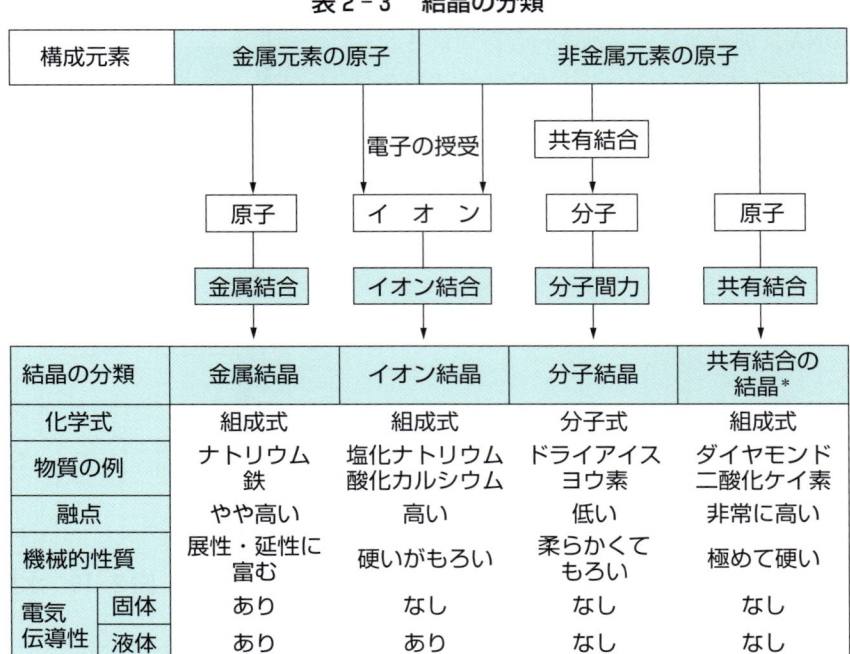

表2-3 結晶の分類

構成元素	金属元素の原子	非金属元素の原子		
	↓	電子の授受 ↓	共有結合 ↓	↓
	原子	イオン	分子	原子
	↓ 金属結合	↓ イオン結合	↓ 分子間力	↓ 共有結合
結晶の分類	金属結晶	イオン結晶	分子結晶	共有結合の結晶*
化学式	組成式	組成式	分子式	組成式
物質の例	ナトリウム 鉄	塩化ナトリウム 酸化カルシウム	ドライアイス ヨウ素	ダイヤモンド 二酸化ケイ素
融点	やや高い	高い	低い	非常に高い
機械的性質	展性・延性に富む	硬いがもろい	柔らかくてもろい	極めて硬い
電気伝導性 固体	あり	なし	なし	なし
電気伝導性 液体	あり	あり	なし	なし

＊：共有結合の結晶には電気伝導性をもつものもある。

● 引用文献

1) 岸川卓史，齋藤潔，成田彰，森安勝，渡辺祐司：絵ときでわかる基礎化学，オーム社．
2) 丸山和博，石澤昭雄，瀬口和義，富田恒夫：現代の一般化学，培風館．
3) 佐野博敏ら：改訂 化学Ⅰ，第一学習社．
4) 日本化学会 化学教育協議会「グループ・化学の本21」編：化学 入門編，化学同人．
5) 坂井建雄，岡田隆夫監訳：ヒューマンバイオロジー 人体と生命，医学書院．

章末問題

1．次の①～④の原子は陽（＋）イオンになるか陰（－）イオンになるかを（　）に記入しなさい。

① 価電子数1の原子（　） ② 価電子数6の原子（　） ③ 価電子数2の原子（　）
④ 価電子数7の原子（　）

2．次の①～⑧の原子がイオンになったときのイオン式を（　）に記入しなさい。

① H（　） ② F（　） ③ O（　） ④ Na（　） ⑤ Ca（　）
⑥ Cl（　） ⑦ Mg（　） ⑧ K（　）

3．次の①～⑩と同じ電子配置をもつ希ガスの元素記号を（　）に記入しなさい。

① Ca^{2+}（　） ② Li^+（　） ③ Mg^{2+}（　） ④ Na^+（　） ⑤ O^{2-}（　）
⑥ K^+（　） ⑦ F^-（　） ⑧ S^{2-}（　） ⑨ Cl^-（　） ⑩ Al^{3+}（　）

4．次の①〜⑤のイオンがイオン結合して生じた化合物の組成式を（　）に記入しなさい。
① Na^+ と Cl^- （　　　　　） ② K^+ と Cl^- （　　　　　）
③ Ca^{2+} と Cl^- （　　　　　） ④ Mg^{2+} と O^{2-} （　　　　　）
⑤ Cu^{2+} と SO_4^{2-} （　　　　　）

5．次の①〜⑥の原子が共有結合するさいに，結合に用いることができる手の数（不対電子数）を（　）に記入しなさい。
① $_1H$ (　) ② $_{16}S$ (　) ③ $_6C$ (　) ④ $_7N$ (　) ⑤ $_8O$ (　) ⑥ $_9F$ (　)

6．次の①〜⑩の分子の分子式や名称を（　）に記入しなさい。
① 水素分子（　　　） ② 酸素分子（　　　） ③ 二酸化炭素（　　　）
④ N_2 （　　　） ⑤ H_2O （　　　） ⑥ CH_4 （　　　）
⑦ NH_3 （　　　） ⑧ SO_4^{2-} （　　　）
⑨ OH^- （　　　） ⑩ NH_4^+ （　　　）

7．次の①〜⑦の分子の構造式を書きなさい。
① H_2 ② O_2 ③ CO_2 ④ N_2 ⑤ H_2O ⑥ CH_4 ⑦ NH_3

[解答]

1．① + ② − ③ + ④ −
2．① H^+ ② F^- ③ O^{2-} ④ Na^+ ⑤ Ca^{2+} ⑥ Cl^- ⑦ Mg^{2+} ⑧ K^+
3．① Ar ② He ③ Ne ④ Ne ⑤ Ne ⑥ Ar ⑦ Ne ⑧ Ar ⑨ Ar ⑩ Ne
4．① NaCl ② KCl ③ $CaCl_2$ ④ MgO ⑤ $CuSO_4$
5．① 1 ② 2 ③ 4 ④ 3 ⑤ 2 ⑥ 1
6．① H_2 ② O_2 ③ CO_2 ④ 窒素分子 ⑤ 水 ⑥ メタン ⑦ アンモニア
　　⑧ 硫酸イオン ⑨ 水酸化物イオン ⑩ アンモニウムイオン
7．① H−H ② O=O ③ O=C=O ④ N≡N ⑤ H−O−H

⑥
```
    H
    |
H − C − H
    |
    H
```

⑦
```
    H
    |
H − N
    |
    H
```

第3章 物質の三態

1 物質の状態変化

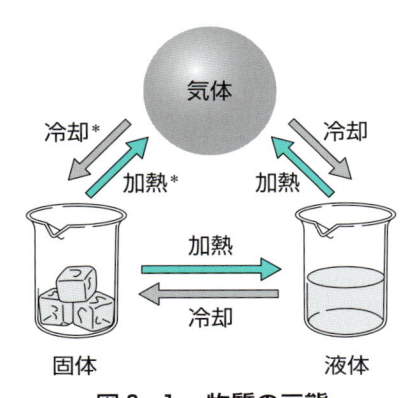

図3-1　物質の三態
＊気体と個体間の冷却，加熱は，液体の状態を経由する。

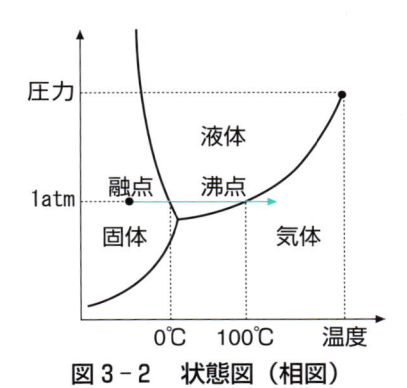

図3-2　状態図（相図）

これまでの章から，物質には1種類の元素からできている単体や，2種類以上の元素が結合した化合物から構成された純物質や混合物があることがわかりました。また，物質には後半の章に出てくる炭素を含んだ複雑な有機化合物や，ミネラルのような無機化合物にも分類することもできます。このように物質は原子やさまざまな化学結合からなる分子からなりたっていますが，物質としての状態が異なる場合もあります。たとえば，普段，目にする水という物質は，氷としての固体，水としての液体，水蒸気としての気体の3通りの状態に分類されます（図3-1）。ただし，氷，水，水蒸気という分類は，水という物質が変化した状態変化であり，水という物質自体が変化するわけではありません。つまり，物質を構成する原子や分子は同じですが，その存在する状態が異なるわけです。

物質は温度や圧力が変わると，気体，液体，固体の3つの状態に変化します。その関係を表したものが状態図（相図）です（図3-2）。状態図からわかるとおり，物質の状態変化は温度と圧力が密接に関係し，物質を構成する粒子の運動や，粒子間にはたらきあう力を反映したものになっています。

状態図を読み取ることから，物質がある温度や圧力のもとで，気体，液体，固体のうち，どの状態にあるかを知ることができます。特に，固体から液体に変わる温度のことを融点，液体から気体に変わる温度のことを沸点といいます。たとえば，水を例にとると，1気圧（大気圧）の下では0℃以下は固体の氷ですが，0℃から100℃では液体の水に変化し，さらに熱を加えて100℃以上にすれば，気体の水蒸気へと水の状態が変化します（図3-3）。

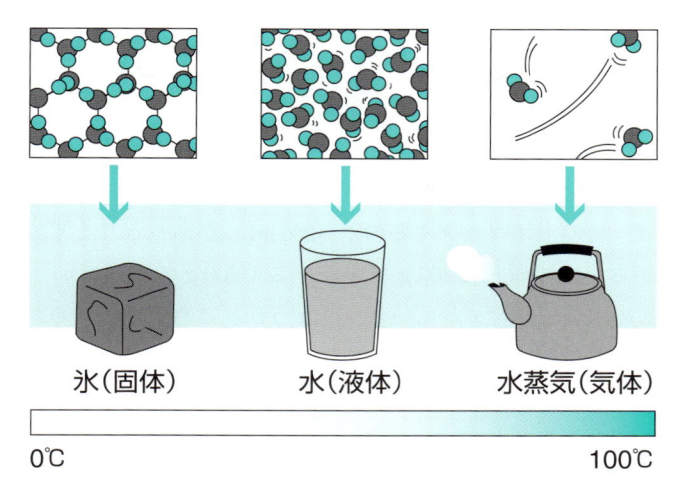

図3-3　水分子の状態変化

　同じ物質が気体，液体，固体の状態になるということは，物質を構成する粒子の側からみると，いったいどのような状態なのでしょうか？
　固体は物質を構成している粒子が3次元に整然と積み重なっているような状態です（図3-4）。各粒子はきっちりと密集し，相互に粒子間に力がはたらきあって空間的に固定され，固い物質になっています。固体の多くは結晶構造をとり，体積変化はほとんどありません。
　次に，大気圧下で熱が加わることによって，固体は液体に状態が変化します（図3-5）。このとき，構成する粒子はひん繁に移動を始め，粒子の位置関係がたえず入れかわる流動的な状態になります。ただし，粒子間には力がある程度はたらいているため，液体は連続した物質となり，その体積も大きな変化はありません。
　さらに熱が加えられると，粒子の運動性が粒子間にはたらく力を断ち切るほど大きくなり，液体は気体に状態が変化します（図3-6）。気体は構成している粒子が自由に動きまわっているような状態です。水は100℃で沸騰し，液面から水蒸気として激しく水分子が空間に飛びだし，自由に運動します。このとき，それぞれの分子間距離は十分に離れており，水分子の間にはたらく分子間力はほとんど影響を受けないため，気体の体積変化は大きく変化します。つまり，物質が反応する場合，気体の状態ではその体積変化が現れやすいのです。この性質は，3節気体の法則でも再びとりあげられます。

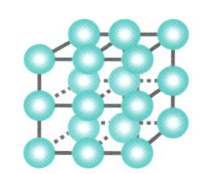

図3-4　固体の状態と粒子の位置関係

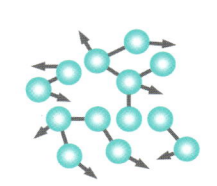

図3-5　液体の状態と粒子の位置関係

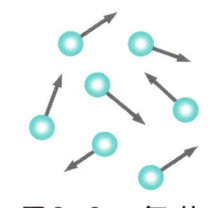

図3-6　気体の状態と粒子の位置関係

2　モル：物質を数える単位

　物質は原子や分子など多くの粒子からなりたっていますが，水という物質

2. モル：物質を数える単位

を例にとって、さらに、詳しくとりあげてみましょう。水という物質が多数の水分子からできているとしても、いったいどれぐらいの数の水分子からなりたっているのでしょうか。物質を構成する原子や分子の数を正確に数えられることは、日常、見られる現象を化学のことばで置きかえて理解するための最も重要な出発点となります。

たとえば、机の上にコップ1杯の水（200 mL）があるとします。水の比重は1ですから、水の質量は200 gですが、この200 gの水にはいったいどれぐらいの数の水分子が含まれているでしょうか。これを計算するためには、水分子1個の質量がいくらであるかを知る必要があります。しかしながら、容易に想像できるかもしれませんが、それはきわめて小さい数値にならざるを得ません。私たちが水分子の質量を実際に計りとるには、とにかく大量にかき集める必要があります。そこで、鉛筆を12本で1ダースと数えるように、原子や分子も束ねて人が測定できる大きさになるような単位を決めることになりました。この数の単位のことを「モル」といいます。ただし、この1モルに相当する数は非常に大きく、なんと6.02×10^{23}個です。ちなみに、10^{23}という数は1に0が23個ついた数で、漢数字の単位でかけば、6020垓個です。普段、あまりお目にはかからない天文学的な単位ですね。この途方もない大きい数を、イタリア人の化学者にちなんでアボガドロ定数といいます。つまり、**1モルの原子や分子とは、それぞれアボガドロ定数個の原子や分子が集まった集団をさしている**ことになります。ただし、モルの単位だけ集められた量はさすがによくできていて、1モルの物質を集めた質量（これをモル質量といいます）は、物質の原子量や分子量にgをつけた値に相当するようになっています。つまり、水素原子1モルぶんだけかき集めたら、その質量は水素の原子量1にgをつけた値、すなわち、1 gです。酸素原子1モルなら、その原子量16にgをつけた16 gというぐあいです。モルという単位を導入することによって、原子のような非常に小さなものを、人が計りとれる範囲に収めることができるという意味で画期的なのです。

これは分子にあてはめても同じように扱えるので、分子量とは分子を構成する原子のもつ原子量の合計になります。重要なことは、分子においても、1モル分の分子、すなわち、アボガドロ定数個の分子を集めれば、そのモル質量は分子量にgをつけたものになるということです。酸素分子O_2について考えてみましょう。酸素分子の分子量は2個の酸素の原子量を加えて$16+16=32$

したがって、酸素分子1モルのモル質量は32 gです。

水分子H_2Oではどうでしょうか。この場合、水分子の分子量は2個の水素原子と1個の酸素原子からなりますから、それぞれの原子量の和となり

1 + 1 + 16 = 18

したがって，水分子 1 モルのモル質量は18 g です。

つまり，分子のモル質量は，分子がいかなる原子で構成されているとしても，その分子式さえわかればすべて正確に計算できるということです。

> **コラム　式量**
>
> イオン結晶のような分子を構成しない物質の場合でも，組成式で表される原子量の和をもって計算することができます。これを式量（分子の分子量に相当するもの）といいます。
>
> たとえば，塩化ナトリウム（**NaCl**）の場合，その式量は23 + 35.5 = 58.5
> したがって，1 モル集めたモル質量は58.5 g です。

話をもとに戻しましょう。それでは，コップ 1 杯（200 mL）の水200 g はいったいどれぐらいの数の水分子からできているのでしょうか。

水分子 H_2O 1 モルの質量は18 g です。よって200 g の水には

200 g ÷ 18g = 11.1モル

の水分子が存在するということになります。

1 モルとは，分子がアボガドロ定数（6.02×10^{23}個）だけ集まったものですから，11.1モルでは

6.02×10^{23}個 × 11.1 = 66.8×10^{23}個 = 6.68×10^{24}個

の水分子が存在することになります。

コップ 1 杯の水に含まれる分子の数を数えることができる化学の力は，日常生活の感覚からすれば，考えられないような捉え方を私たちに教えてくれるというわけです。

以上のように，人が数えられる単位であるモルで表した量のことを**物質量**（**モル数**）といいます。ところで，物質 1 モルあたりのモル質量は物質の分子量や式量に相当する質量でしたから，一般に，ある物質の質量が w g として与えられているとき，物質の質量〔w〕を，モル質量（分子量や式量）で除することで，物質量であるモル数を求めることができます。

> **重要公式 1：$n = \dfrac{w}{M}$**
>
> n：物質量〔mol〕，w：物質の質量〔g〕，M：モル質量〔g/mol〕

特に，物質が分子であるとき，この公式のモル質量とは分子量〔M〕に相当します。モル数〔n〕は数の単位で，その単位がいくつあるかということを表していますから，物質量（モル数）はもちろん物質の質量関係だけでなく，粒子数とアボガドロ定数，あるいは次項で説明する標準状態での気体の体積などを基準にしても求めることができます。

3. 気体の法則

> **モルのまとめ**
> ● 人が数えることのできる単位で，化学反応を理解しようとするとき，モル数をまず把握することが重要です。
> ● 1モル集めた質量はモル質量（原子量，分子量，式量）
> ● 1モル集めた粒子の数は6.02×10^{23}個（アボガドロ定数）
> ● 1モルの気体（標準状態）の体積は22.4 L（次節参照）
> ● モルを把握することによって，物質の質量，粒子の数，気体の体積など多くの情報の橋渡しが可能になります。目の前に起こるさまざまな物質の状態や変化を化学のことばで捉えるために，物質量を把握することが重要です。したがって，**化学では，まず，数えられる単位となるモル数を求めることからすべてが始まる**といっても過言ではありません。

3 気体の法則

　物質の三態のうち，最も簡単な扱いができる気体の状態変化について考えましょう。前節で学んだように，気体の体積は自由に変化することができます。このため，化学反応に伴う気体の体積変化に注目したゲイリュサックのような研究が19世紀に行われました（第1章参照）。特に，0℃1気圧（101 kPa）の状態のことを**標準状態**といいますが，標準状態にある気体を1モル集めた場合の体積は，**その気体が何であれ，気体分子の種類にかかわらず**，つねに22.4 Lの体積を占めることが重要です。これは気体分子が動きまわる体積に比べれば，分子の占める体積はあまりにも小さく，気体分子の種類による違いは無視できることによります。たとえば，水素1モルの体積は22.4 L，酸素1モルの体積も22.4 Lになります。

　逆に，1モルの気体体積が決まっているなら，標準状態にある気体の体積から物質量（モル数）を求めることも可能になります。たとえば，0℃1気圧下で50 Lの体積を占める標準状態にある気体分子のモル数はいくらでしょうか。その気体が何であったとしても，標準状態にある1モルの気体が占める体積は22.4 Lでしたから

　　50 L ÷ 22.4 L ＝ 2.2（モル）

の気体分子が存在することになります。

第3章 物質の三態

> **コラム** 絶対温度
>
> 私たちが普段，使っている温度の単位はセ氏〔℃〕ですが，これは1気圧の状態で，水が凍結する温度を0℃，水を沸騰する温度を100℃とし，それをたんに100等分したものです。しかし，気体の運動では物質の状態に依存しない絶対温度〔K〕という単位を用います。これは粒子の熱運動が完全に停止する温度を0Kとしたものです。セ氏の0℃とは，絶対温度では273 Kにあたります。つまり，0℃でも水分子は，まだ，かなりの分子運動していることになります。

1 ボイル・シャルルの法則

ここからは，気体をより単純化して扱うため，もともと極小として扱ってきた気体分子の体積をゼロと仮定してみます。さらに，はん雑になることを避けるため，気体分子の間に分子間力もはたらかないと仮定します。このような気体のことを理想気体といい，次のような法則がなりたつことがわかっています。

(1) ボイルの法則

一定の温度のもとでは，一定量の**気体の圧力（P）と体積（V）は反比例**します。

自転車のタイヤに空気を入れようとして，ポンプを押すと，しだいにものすごい反発力を感じます。ボイルの法則とはまさにこれを表したものです。式で表すと圧力と体積の積が常に一定となるので

$PV = P'V' \ (= 一定)$ 　（図3-7）

(2) シャルルの法則

一定の圧力のもとでは，一定量の**気体の体積（V）は絶対温度（T）に比例**します。

熱気球に火を入れてやり，内部の空気の温度をどんどん上げていくと，風船がみるみる膨らんでいきます。シャルルの法則とはこのような現象を表しています。実際に，フランス人の物理学者シャルルは熱気球を使ってパリの空を飛び，自ら証明しました。式で表すと，体積が温度に比例するので $V = \alpha T$ となり

$\dfrac{V}{T} = \dfrac{V'}{T'} \ (= 一定 \alpha)$ 　（図3-8）

ボイルとシャルルの法則をあわせると，ボイル・シャルルの法則になります。

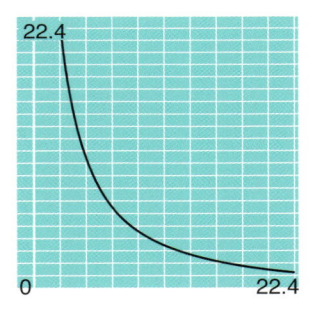

図3-7 ボイルの法則における圧力と体積の関係

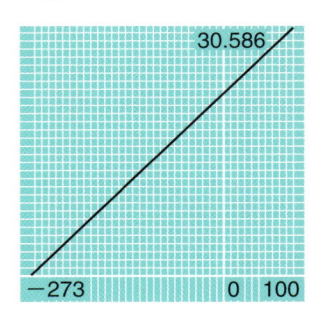

図3-8 シャルルの法則における体積と温度の関係

3. 気体の法則

(3) ボイル・シャルルの法則

一定量の気体の圧力（P）は体積（V）に反比例し，絶対温度（T）に比例します。

式でまとめると

$$\frac{PV}{T} = \frac{P'V'}{T'} \quad (＝一定値) \cdots\cdots ①$$

となります。

2 気体の状態方程式

つづいて，非常に重要な公式である気体の状態方程式を導いてみましょう。まず，ボイル・シャルルの法則に気体1モルの標準状態の各値を代入したとき，その一定値はどれくらいの大きさになるでしょうか。

$P = 101\,\text{kPa}$，$V = 22.4\,\text{L}$，$T = 0\,℃ = 273\,\text{K}$ を上式へ代入すると

$$\frac{PV}{T} = 1.01 \times 10^5\,\text{Pa} \times 22.4 \times 10^{-3}\,\text{m}^3 / 273\,\text{K} = 8.31\,\text{Pa}\cdot\text{m}^3/\text{K}\cdot\text{mol}$$
$$= 8.31\,\text{J/K}\cdot\text{mol}$$

これを気体定数（R）といい，気体の標準状態では，つねに8.31 J/K・molを示します。

この一定値というものを R で表すと，①式は

$$\frac{PV}{T} = R$$

T を右辺に移項すると

$PV = RT \cdots\cdots ②$

となります。

一般に，気体 n モルでは体積は n 倍となるので，$V = \dfrac{v}{n}$ を②式代入して，両辺を整理すると

$Pv = nRT \cdots\cdots ③$

この③式を **気体の状態方程式** とよんでいます。

ところで，気体の状態方程式にあるモル数（n）は，気体の質量 w〔g〕が与えられているときはモル質量を M〔g/mol〕とすると，重要公式1によって，$n = \dfrac{w}{M}$ で求めることができたので，気体の状態方程式は最終的に次のように書くことができます。

> **重要公式2**：$PV = nRT = \dfrac{w}{M}RT$

この式は，気体の状態変化を調べる場合に，非常に大きな力を発揮します。次の例題を解いてみましょう。

例題 伸縮性のある容器内の気体20 g に対して，温度27℃で173.1 kPa の圧力をかけたとき，その体積をはかると9 L だった。この気体の分子量を求めなさい。また，この気体は何か，推定しなさい。

解答 気体の状態方程式より，求める分子量を M とすると，

$1.731 \times 10^5 \text{Pa} \times 9 \times 10^{-3} \text{m}^3 = (20 \text{ g}/M\text{g/mol}) \times 8.31 \text{ Pa} \cdot \text{m}^3/\text{K} \cdot \text{mol} \times (273+27) \text{ K}$

$M ≒ 32$

分子量32の気体は酸素（O_2）であると推定できます。

このように理想気体の状態変化は，計算によって，ある程度，予測することができ，気体の圧力，体積，温度，質量などの情報を求めることができるのです。

4 溶液の性質

液体は粒子の間にはたらきあう力を無視することができず，ある限られた体積をもつために，気体のような理想化はむずかしくなりますが，溶液中ではたらく分子間力が一様であると仮定した希薄溶液を考えると，その状態変化をある程度，現想化して考えることができるようになります。

1 溶液と溶解のしくみ

まず，物質が溶けてできる溶液とはいったい何でしょうか。

溶液とは，塩水の水のように，溶かすもの（**溶媒**）の中に，塩のような溶かされるもの（**溶質**）が均一に混じりあったものをいいます。この均一に混ざりあっているということが重要で，溶媒と溶質の化学的性質がよく似ていなければ完全には混じりあうことはできません。つまり，溶媒となる粒子と，溶質となる粒子との間に同じような力がはたらきあうとき，両者は互いに混じりあうことができるわけです。たとえば，電荷をもった粒子どうし，電荷をもたない粒子どうしは混じり合うことができ，これらは溶液になることができます。このように，溶質となる粒子が1粒子ずつばらばらになり，そのまわりを溶媒となる粒子がとり囲んでいる状態を溶媒和といいます。特に，溶質粒子をとり囲んでいる溶媒が水である場合が**水和**です（図3-9）。

4. 溶液の性質

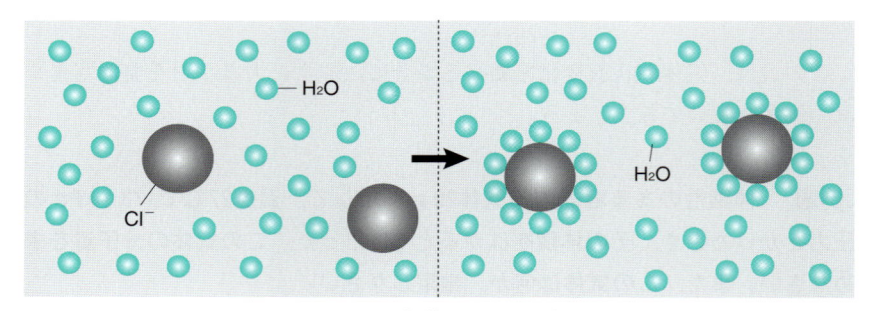

図3-9　水分子による水和

　日常生活でもよく体験しますが，脂溶性物質は油，水溶性物質は水にしか溶けません。これは油が無極性分子であり，水が極性分子であるためです。先ほどの理由から，同じような力がはたらきあうためには，極性分子は極性のある溶媒にしか溶けず，無極性分子は無極性の溶媒にしか溶けないことによります。たとえば，電荷を帯びたイオン結晶の塩化ナトリウムは極性のある水に溶けますが，無極性分子のベンゼンには溶けません。

　この現象を説明するとすれば，ナトリウムイオンは正に荷電，塩素イオンは負に荷電していて，同じく極性がある水分子にとり囲まれ，水和することができますが，ベンゼンには電荷がなく，ナトリウムイオンや塩素イオンを引き抜くことができないので，両者は互いに混じりあうことができずに溶けないということになります（図3-10）。

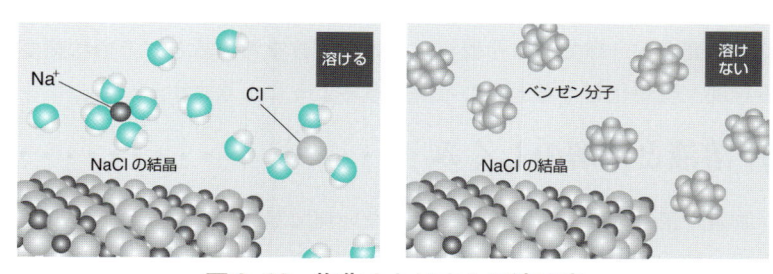

図3-10　塩化ナトリウムの溶け方

　一方，無極性分子のヨウ素は無極性分子のベンゼンに溶けます。これはどちらも電荷をもたないよく似た分子であり，これらの分子間に分子間力が同じようにはたらきあい，互いに区別されることなく一様に混じりあうことができるためです（図3-11）。

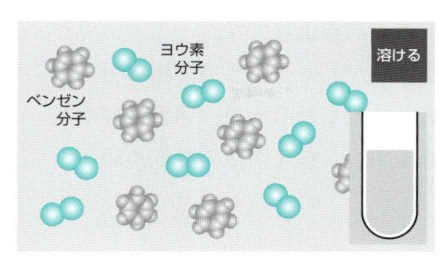

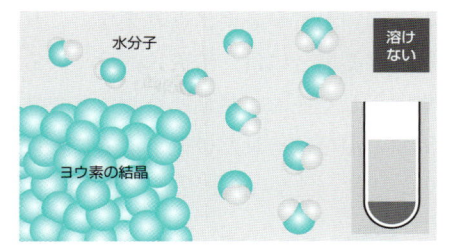

図3-11　ベンゼンの溶け方

　よく似たものどうしが溶けるという溶液の意味とはこういうことです。しかし，食塩は水にいくらでも溶けるわけではなく，ある時点でそれ以上は溶けなくなります。このときの食塩水を飽和溶液といいますが，固体の溶解度は，一定温度で溶媒100gに溶ける溶質の質量で表します。溶解度は固体が溶ける場合，温度に比例して溶解度が上がるものが多いのですが，気体が溶ける場合は一般に溶解度は温度が上がると小さくなることが多いので注意を要します。

　また，気体の溶解度は圧力にも比例します。これをヘンリーの法則といいます。たとえば，1気圧で1リットルの水に1g溶ける気体があるとすると，10気圧では10g溶けるということです。

気体では温度に比例して溶解度が小さくなることは，夏場の金魚は水槽に溶けている溶存酸素が少なくなるため，水槽の中で口をぱくぱくさせることからも理解できます。

気体の溶解度が圧力に比例することは，圧力をかけてたくさんの炭酸を溶かしこんでいる炭酸水の栓を開けた瞬間に，溶けていた炭酸が泡になって出てくることからもわかります。

❷ 蒸気圧降下・沸点上昇・凝固点降下

　水と食塩水ではどちらが先に乾くでしょうか。水と比べて食塩水の場合，ナトリウムイオンと塩化物イオンがそれぞれ水分子と水和しているため，それらが妨げとなって水分子が蒸発しにくくなっています。このため，食塩水のほうが蒸発しにくく，乾きが悪くなるのです。一般に，溶液では溶けている溶質分子がじゃまをして水分子の蒸発を妨げると考えられます。このように希薄溶液において，蒸気圧が低下することを蒸気圧降下といい（図3-12），蒸気圧降下は溶液中に含まれている溶質粒子のモル分率に比例します。

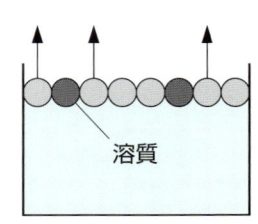

図3-12　溶液が蒸気圧降下を示す模式図

　このことから，溶液の沸騰する温度である沸点の上昇も説明できます。よく知られているように，1気圧のもとで純水の沸点は100℃であり，水の蒸気圧は大気圧とつりあって沸騰しますが，水溶液の場合，同じ温度での蒸気圧は低下することから，大気圧と同じ蒸気圧を発生させるためには，

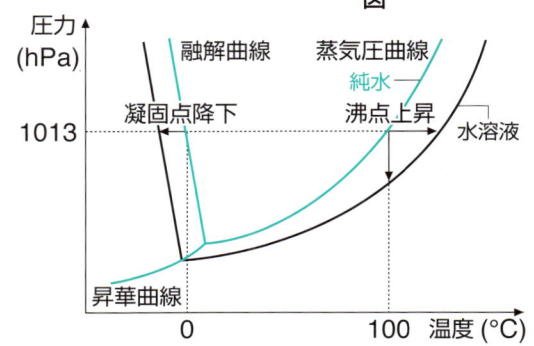

図3-13　水溶液の蒸気圧降下，沸点上昇，凝固点降下

4. 溶液の性質

より高い温度が必要になります。これが溶液の**沸点上昇**です。一方，溶液が凝固する場合には，溶液に溶けている溶質分子がじゃまをして，溶媒分子が規則正しく並んで結晶になることを妨げると考えられるので，溶液全体が凝固する温度はそれだけ低下することになります。これを溶液の**凝固点降下**といいます（図3-13）。

3 浸透圧

溶液において，溶媒に溶けている粒子が膜を通過する現象を浸透といい，溶質粒子を通過させず，溶媒粒子だけを通過させることができる膜が**半透膜**です。デンプン溶液と水をセロハン膜のような半透膜で分けると，デンプン溶液の水位が上昇し，ある高さで止まることが観察されます。これは，半透膜をはさんである一定の**浸透圧**が生じることを示しています（図3-14）。

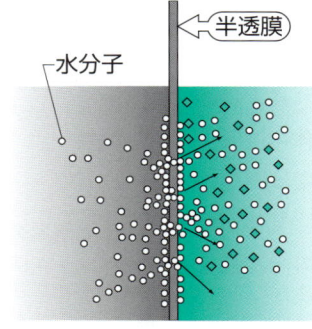

図3-14 浸透圧

一般に，希薄溶液で生じる浸透圧は，その溶液の濃度と絶対温度に比例します。浸透圧を P，溶液のモル濃度を C，絶対温度を T，比例定数を R とすると

$$P = CRT$$

のように表すことができますが，これを**ファントホッフの（浸透圧の）法則**といいます。なお，溶液のモル濃度については次節でくわしく学びますが，モル濃度とは溶液1Lあたりに溶けている溶質分子のモル数のことで，溶液 V L のモル数を n とすると，

$$C = \frac{n}{V}$$ と表すことができます。したがって

$$P = \frac{n}{V} RT$$

ここで V を移項すると

$$PV = nRT$$

気体の状態方程式に相当する式が導かれたことがわかります。つまり，分子間力が一様であると仮定した希薄溶液の場合には，およそ理想気体のように，溶液の状態を計算によってある程度，予測できることを示唆しているのです。

4 コロイド

溶液に関するそのほかの性質としては，**コロイド溶液**があげられます。コロイド溶液は比較的大きな溶質粒子が溶けている溶液です。また，半透膜を

第3章　物質の三態

通過できない程度の大きさの粒子を**コロイド粒子**といいます。コロイド粒子は比較的大きい分子であるため、これらが溶けているコロイド溶液は、溶媒分子との衝突で分子が無秩序に動く運動を示す**ブラウン運動**や、光がコロイド粒子によって散乱されて光路が見える**チンダル現象**などが観察される場合があります。（図3-15）。

図3-15　ブラウン運動とチンダル現象

5　溶液の濃度

溶液についていろいろ学んだところで、実験室で試薬などを作成するときに必要になる溶液の濃度についてまとめておきましょう。溶液の濃度を求める場合、**パーセント濃度，モル濃度，規定度**などの表し方があります。

1　パーセント濃度（単位　％）

溶液中に溶けている溶質の割合を百分率で表した濃度をいいます。このパーセントのとり方には、質量の場合と体積の場合があります。質量パーセント濃度を使うことが多いですが、実際の試薬作成の場では、体積パーセント濃度を使うこともあるので注意しましょう。

質量パーセント濃度：溶液あたりの溶質の質量で表した濃度
体積パーセント濃度：溶液あたりの溶質の体積で表した濃度

重要公式3：質量パーセント濃度〔％〕 $= \dfrac{\text{溶質質量〔g〕}}{\text{溶液質量〔g〕}} \times 100$

分母は溶液の質量ですから、必ず溶質の質量と溶媒の質量の合計になることに注意を要します。

例題1　塩化ナトリウム10 gを水に溶かして100 gとしたときの水溶液の質量パーセント濃度を求めなさい。

解答　この例題では、食塩10 gを溶かした後に、その重量を100 gにしていますから、溶液100 gに食塩10 gが溶けていることになります。

よって、$\dfrac{10\text{ g}}{100\text{ g}} \times 100 = 10$ 〔％〕

例題2　水100 gに食塩25 gを溶かした食塩水の質量パーセント濃度を求めなさい。

解答　質量パーセント濃度は溶液あたりの溶質重量ですから、溶媒である水100 gに溶質の食塩25 gを溶かすと、溶液125 gに食塩25 gが溶けていることになります。

5. 溶液の濃度

よって，$\dfrac{25\text{ g}}{100\text{ g}+25\text{ g}}\times 100 = 20$ 〔%〕

うっかり25%と答えないようにしてください。

質量パーセントの計算問題で，さらに気をつける点は，体積が与えられていて，質量パーセント濃度を求めさせるような場合です。

例題3 10.2 gの塩化ナトリウムを水に溶かして100 cm³としたときの質量パーセント濃度を求めなさい。ただし，塩化ナトリウム溶液の密度を1.02 g/cm³とします。

|解答| この例題では，質量パーセント濃度を求めさせているにもかかわらず，体積しか与えられていないことに注意してください。質量を体積で割ったものが密度ですから，塩化ナトリウム溶液の密度が1.02 g/cm³より，塩化ナトリウム溶液の100 cm³の質量は

$$100\text{ cm}^3 \times 1.02\text{ g/cm}^3 = 102\text{ g}$$

そこで，この問題は次のように言いかえることができます。10.2 gの塩化ナトリウムを水に溶かして，その全量が102 gであるときの質量パーセント濃度を求めなさい。これは例題1と同じ形式の問題になりますから，

$$\dfrac{10.2\text{ g}}{102\text{ g}} \times 100 = 10.0 \text{〔%〕}$$

> 密度とは単位体積あたりの質量のことです。通常は物質1 cm³あたりの質量として表します。水の密度は1 g/cm³なので，1 cm³＝1 gになりますが，ほとんどの溶液は体積と質量は一致しません。密度はこうした溶液の体積を質量に変換するための便利な道具だといえます。

2 モル濃度（単位 mol/L）

モル濃度：溶液1 Lあたりに溶けている**溶質の物質量**(モル数)で表した濃度

モル濃度は溶液の濃度をモルという単位で表すので，化学として物質を取り扱う場合に，きわめてたいせつな濃度の表し方です。溶液の濃度を人が数えることのできる単位である物質量（モル数）で表すことが，次章以降に出てくる化学反応を考えるさいにも重要な手がかり情報を与えるからです。

つまり，モル濃度を求めるとは，溶液1 L中に存在する溶質分子のモル数を求めるということになります。もちろん，溶質の物質量（モル数）を溶液の体積（L）で除してもかまいませんが，実験室で試薬作成するときに役立つ具体的な手順を学んでいきましょう。溶液のモル濃度の計算で最もひん繁に出題される形式は，「ある溶質 w 〔g〕が溶けている溶液 V 〔mL〕のモル濃度を求めなさい」というものです。

この場合，次のツーステップで問題を解くとわかりやすいでしょう。

① 先の重要公式1で，まず溶質のモル数を求めます。
② 次に，このモル数を溶液1 Lあたりの値になおします。

これらをまとめると次の重要公式4が導かれます。

> **重要公式4：溶液のモル濃度〔mol/L〕** $= \dfrac{w \text{〔g〕}}{M \text{〔g/mol〕}} \div V \text{〔mL〕} \times 1000 \text{〔mL/L〕}$

重要公式4は，求めた溶質のモル数を与えられた溶液の体積 V mL で割って，まず溶液1 mL あたりに含まれる溶質のモル数を求め，これに1000 mL を掛ければ，溶液1 L（1000 mL）あたりのモル数になることを示しています。

例題1 食塩（式量58.5）5.85 g を水に溶かして，1 L にした食塩水のモル濃度を求めなさい。

[解答] 食塩が5.85 g あるときのモル数は $\dfrac{5.85 \text{ g}}{58.5 \text{ g/mol}} = 0.1$ 〔mol〕

これがいま水1 L に溶けていますから，モル濃度はそのまま0.1 mol/L となります。あえて，重要公式4を使うとすれば

$$\dfrac{5.85 \text{ g}}{58.5 \text{ g/mol}} \times \dfrac{1000 \text{ mL/L}}{1000 \text{ mL}} = 0.1 \text{〔mol/L〕}$$

例題2 食塩（式量58.5）5.85 g を水に溶かして，250 mL にした食塩水のモル濃度を求めなさい。

[解答] 食塩5.85 g のモル数を求め，次に1 L あたりになおすという重要公式4を使いましょう。

$$\dfrac{5.85 \text{ g}}{58.5 \text{ g/mol}} \times \dfrac{1000 \text{ mL/L}}{250 \text{ mL}} = 0.4 \text{〔mol/L〕}$$

ところで，モル濃度を初めて学習するときに，ある溶液に溶けている溶質のモル数と，モル濃度を混同する場合があります。たとえば，次のような問題の形式が考えられます。「あるモル濃度の溶液 V mL に含まれる溶質のモル数を求めなさい。」

この問題は，もちろんモル濃度を求めさせているのではなく，ある溶液に溶けている溶質の物質量（モル数）を求めるものです。

この場合，次のツーステップで問題を解くとわかりやすいでしょう。

① モル濃度から溶液1 L に含まれている溶質のモル数は与えられています。

② 次に，このモル数を溶液 V mL あたりの値になおします。

これをまとめると，次の重要公式5が導かれます。

> **重要公式5：溶液のモル数** $= C \text{〔mol/L〕} \times \dfrac{V \text{〔mL〕}}{1000 \text{〔mL〕}}$

重要公式5は，溶液1 L あたりの溶質のモル数をいったん1000 mL で割っ

※重要公式4ではモル数を体積 V/mL で割って1000 mLを掛けていますが，計算上は，左の式のように $\dfrac{V}{1000}$ をひっくり返して掛ける式でおこなうと便利です。

5. 溶液の濃度

て，溶液1 mLあたりのモル数を求めます。そうすると，任意の体積V mLに含まれる溶質のモル数はその値をV倍すればよいことになります。

例題3 モル濃度が0.2 mol/Lである塩化ナトリウム溶液600 mLに含まれる塩化ナトリウムの物質量（モル数）を求めなさい。また，その質量はいくらか。ただし，塩化ナトリウムの式量を58.5とします。

解答 この問題はモル濃度が与えられている溶液の，ある体積中に含まれる物質量（モル数）を求めさせるものです。重要公式5より

$$0.2 \text{ mol} \times \frac{600 \text{ mL}}{1000 \text{ mL}} = 0.12 \text{ mol}$$

600 mLに含まれる塩化ナトリウムの質量はモル質量が58.5 gであるので，58.5 g × 0.12 = 7.02 g

3 規定度（単位　N）

規定度はグラム当量という単位で表される濃度で，現在ではあまり使われていません。しかし，中和滴定などの計算では同じ当量ずつ反応させる必要があり，規定度による表し方は便利なので，実験の現場ではモル濃度の代わりに使われる場合があります。

コラム　グラム当量

当量とはある化学反応が生じるための反応相当量を想定したものです。たとえば，酸・塩基の反応では，必ず，水素イオンH^+と，水酸化物イオンOH^-が当量ずつ反応して中和します。つまり，中和反応における1グラム当量の具体的な値は，酸や塩基の**価数あたりのモル質量**のことです。たとえば，塩酸（分子量36.5）の場合は，$HCl \longrightarrow H^+ + Cl^-$で，1価の酸ですから，塩酸の1グラム当量は，モル質量と同じで36.5 gとなります。

水酸化カルシウム（分子量74）は，$Ca(OH)_2 \longrightarrow Ca^{2+} + 2OH^-$で，2価の塩基ですから，水酸化カルシウムの1グラム当量は1価あたりではモル質量の半分となり，74 g ÷ 2 = 37 gとなります。

おもな酸塩基の価数とそのグラム当量

	分子式	価数	分子量	1グラム当量
塩酸	HCl	1	36.5	36.5 g
硫酸	H_2SO_4	2	98	49 g
水酸化ナトリウム	NaOH	1	40	40 g
水酸化カルシウム	$Ca(OH)_2$	2	74	37 g

規定度はモル濃度と似た概念ですが，溶液1 L中に溶けている溶質のグラム当量数で表された濃度をいいます。したがって，規定度を求めるためには，溶液1 L中に何グラム当量あるか，すなわち，グラム当量数を求めればよい

ということです。モル濃度がわかっている場合は，規定度はモル度を価数倍すれば求められます。

例題1 溶液2.5 Lに硫酸392 g（分子量98）が溶けているときのモル濃度と規定度を求めなさい。

解答 モル濃度は溶液1 Lあたりの溶質分子の物質量（モル数）ですから，

重要公式4より $\dfrac{392 \text{ g}}{98 \text{ g/mol}} \times \dfrac{1000 \text{ mL}}{2500 \text{ mL}} = 1.6 \text{ [mol/L]}$

硫酸は2価の酸なので，この規定度（N）は，モル濃度の価数倍に相当しますから，

$1.6 \text{ mol} \times 2 = 3.2 \text{ N}$

章末問題

1. 次の物質の物質量（モル数）を求めなさい。
   ① 水素原子（H） 2 g　　② 水素分子（H_2） 2 g　　③ 酸素分子（O_2） 24 g
   ④ 水分子（H_2O） 1.8 g　　⑤ 水分子（H_2O） 45 g

2. 次の物質の粒子数を求めなさい。
   ① 炭素原子（C） 1 mol　　② 窒素分子（N_2） 0.1 mol
   ③ カルシウム原子（Ca） 0.5 mol　　④ 塩化マグネシウム（$MgCl_2$） 3 mol
   ⑤ 水酸化ナトリウム（NaOH） 0.25 mol

3. 次の物質の質量を求めなさい。
   ① フッ素原子（F） 1 mol　　② 硫黄原子（S） 1.5 mol　　③ 塩素分子（Cl_2） 0.2 mol
   ④ 食塩（NaCl） 1.5 mol　　⑤ ブドウ糖（$C_6H_{12}O_6$） 1 mol

4. 次の標準状態にある気体の体積を求めなさい。
   ① 水素（H_2） 0.1 mol　　② 酸素（O_2） 1 mol　　③ 窒素（N_2） 1 mol
   ④ 水蒸気（H_2O） 5 mol　　⑤ アンモニアの気体（NH_3） 3 mol

5. 密閉された容積1 Lの堅牢な容器の中に，ある純粋な物質の液体1 gを入れ，227℃に熱したところ，液体はすべて蒸発し，83.1 kPaの圧力を示しました。この物質の分子量を求めなさい。ただし，気体定数 $R=8.31$ J/K・mol とする。

6. 塩化ナトリウム5 gに，水195 gを加えて溶かした溶液の質量パーセント濃度を求めなさい。

7. エチルアルコール140 mLと水を混合し，消毒液200 mLを調製しました。この消毒液の濃度を体積パーセント濃度で求めなさい。

8. 4％溶液を200 g作成するためには，何gの溶質を水何gに溶かせばよいか，答えなさい。

章末問題

9. 1 L 中に水酸化ナトリウムが 4 g 溶けている溶液のモル濃度を求めなさい。ただし，水酸化ナトリウムの式量を40とします。

10. 1250 mL 中に NaOH が 4 g 溶けている溶液のモル濃度を求めなさい。ただし，原子量は H＝1，O＝16，Na＝23とする。

11. 0.1 mol/L の NaOH を 200 mL 調製したいとき，何 g の NaOH を溶かして 200 mL とすればよいか，答えなさい。

解答

1. ① 2 mol ② 1 mol ③ 0.75 mol ④ 0.1 mol ⑤ 2.5 mol
2. ① 6.02×10^{23} 個 ② 6.02×10^{22} 個 ③ 3.01×10^{23} 個 ④ 1.81×10^{24} 個
   ⑤ 1.51×10^{23} 個
3. ① 19 g ② 48 g ③ 14.2 g ④ 87.75 g ⑤ 180 g
4. ① 2.24 L ② 22.4 L ③ 22.4 L ④ 112 L ⑤ 67.2 L
5. 求める分子量を M とおくと，重要公式 2 より

   83.1 kPa × 1 L ＝ 1 g/M g × 8.31 J/K・mol × (227＋273) K を解いて，M ＝ 50

6. 重要公式 3 より

   5 g ÷ (195 g ＋ 5 g) × 100 ＝ 2.5 (%)

7. 重要公式 3 より

   140 mL ÷ 200 mL × 100 ＝ 70 (%)

8. 4 % の溶液に含まれる溶質の質量は 200 g × 0.04 ＝ 8 g これを 200 g − 8 g ＝ 192 g の水に溶かせばよい。

9. 溶液 1 L あたりのモル数そのもので，これはモル濃度です。

   $n = \dfrac{4\text{ g}}{40\text{ g/mol}} = 0.1$ よって 0.1 mol/L

   あえて，重要公式 3 を使うなら

   $\dfrac{4\text{ g}}{40\text{ g/mol}} \times \dfrac{1000\text{ mL/L}}{1000\text{ mL}} = 0.1$ 〔mol/L〕

10. 重要公式 3 より，

    $\dfrac{4\text{ g}}{40\text{ g/mol}} \times \dfrac{1000\text{ mL/L}}{1250\text{ mL}} = 0.08$ 〔mol/L〕

11. 求める質量を w g として重要公式 4 に代入して，

    $\dfrac{w\text{ g}}{40\text{ g/mol}} \times \dfrac{1000\text{ mL/L}}{200\text{ mL}} = 0.1$ 〔mol/L〕 を解いて w ＝ 0.8 〔g〕

第4章　化学反応

1　化学反応式

　食塩を水に溶かしたり，水が水蒸気になったりする場合は，物質の状態が変わるだけで，その物質自体は何も変化していません。たとえば，食塩の NaCl は水に溶かしても NaCl であり，水の H_2O は水蒸気にしてみても H_2O です（図4-1）。

図4-1　物質としては変わらない状態変化

　一方，ある物質が，別の物質に変化することを**化学変化**といい，一般に物質を構成している化学結合の切断や再結合を伴います。このような化学反応は，同一分子内で起こることもあれば，異種の分子間で起こる場合もあります（図4-2）。

$FeCl_3 + 3H_2O \longrightarrow Fe(OH)_3 + 3HCl$

図4-2　物質として変化する化学変化

1　化学反応式の表す量的関係

　物質の化学変化を表した式を**化学反応式**といいます。たとえば，水素と酸素が反応すると，水になる化学反応式は

$2H_2 + O_2 \longrightarrow 2H_2O$

と書くことができます。

　ここで左辺は反応物，右辺が生成物です。重要なことは，**化学反応式の係数が物質量比（モル比）を示している**ということで，**化学反応式がわかれば，反応物と生成物のモル比の関係がわかる**ということです。つまり，反応物あ

1. 化学反応式

るいは生成物のモル比から，化学反応がどのように起こるかを予測できるということです。たとえば，前ページの化学反応式から，水素2モルと酸素1モルが反応して水2モルが生成することがわかります。物質量（モル数）を足がかりにして，物質の質量，粒子数，気体ならその体積の情報までを引き出すことができるわけです。例題を解いてみましょう。

例題1 $2CO + O_2 \longrightarrow 2CO_2$ の化学反応式から，一酸化炭素10モルと酸素8モルが反応するとき，酸素は何モル残るか答えなさい。また，このとき，標準状態で残った酸素の体積を求めなさい。

解答 与えられた化学反応式から一酸化炭素と酸素のモル比が2：1より，一酸化炭素10モルの反応に必要な酸素は5モルです。したがって，8 − 5 = 3モルの酸素が未反応で残り，その体積は標準状態で，22.4 L × 3 = 67.2 L 残ることがわかります。

例題2 $2CO + O_2 \longrightarrow 2CO_2$ の化学反応式から，一酸化炭素28 g を反応させたときに生じる二酸化炭素の質量を求めなさい。

解答 まず一酸化炭素28 g のモル数を求めましょう。一酸化炭素の分子量は28ですから，重要公式1より

$$n = \frac{28 \text{ g}}{28 \text{ g/mol}} = 1 \text{ （モル）}$$

一酸化炭素より生じる二酸化炭素は，与えられた化学反応式から1：1のモル比とわかるので，生成する二酸化炭素の物質量（モル数）は1モルになります。したがって，求める二酸化炭素の質量は，その分子量が44より44 g × 1 = 44 g となります。

2 化学反応式のつくり方

ここでは，化学反応式のつくり方について，学習しましょう。第1章でも学んだとおり，質量保存の法則から原子の数は反応前と反応後で変化することはありません。これにより，反応物と生成物さえわかっていれば，化学反応式をつくることができるわけです。

化学反応式をつくるには，左辺の反応物と右辺の生成物とで原子の数が合うように係数をつければよいのですが，まず基本的な物質の化学式を覚えていないと書くことはできません。代表的な基本物質の化学式は，この機会に必ず覚えておきましょう。

化学反応式を完成させるためには，まず化学反応にかかわる化学式を書いて，その後に係数を決めていくことになります。

例題1 亜鉛（Zn）に塩酸（HCl）を反応させると，塩化亜鉛（ZnCl$_2$）と水素（H$_2$）が発生する。この反応を化学反応式で示しなさい。

解答

① まず反応物の化学式を左辺，生成物の化学式を右辺に書きます。

$$Zn + HCl \longrightarrow ZnCl_2 + H_2$$

② 左辺と右辺で原子の数が合うように係数を合わせます。

どれを基準にしてもかまいませんが，なるべく複雑な化学式の係数を1とすることが重要です。ここではZnCl$_2$を1とします。

$$Zn + HCl \longrightarrow 1ZnCl_2 + H_2$$

ZnCl$_2$を1とすると，右辺はZnが1，Clが2になるので，左辺の原子数を合わせます。このため，Znが1，Clが2になるように係数をつけます。

$$1Zn + 2HCl \longrightarrow 1ZnCl_2 + H_2$$

最後に，左辺のHが2ですから，右辺もHが2になるように係数をつけます。

$$1Zn + 2HCl \longrightarrow 1ZnCl_2 + 1H_2$$

③ 係数1を省略します。

$$Zn + 2HCl \longrightarrow ZnCl_2 + H_2$$

例題2 窒素（N$_2$）と水素（H$_2$）を反応させると，アンモニア（NH$_3$）が発生する。この反応を化学反応式で示しなさい。

解答

① 反応物と生成物をまず書きます。

$$N_2 + H_2 \longrightarrow NH_3$$

② 左辺と右辺の原子の数が合うように係数を合わせます。

なるべく複雑な化学式の係数を1としたいので，ここではNH$_3$を1にします。

$$N_2 + H_2 \longrightarrow 1NH_3$$

他の物質の係数をつけます。右辺のNが1ですから左辺のN$_2$は$\frac{1}{2}$，右辺のHは3ですから左辺のH$_2$は$\frac{3}{2}$となります。

$$\frac{1}{2}N_2 + \frac{3}{2}H_2 \longrightarrow 1NH_3$$

分数をなくすため，全体を2倍します。

$$1N_2 + 3H_2 \longrightarrow 2NH_3$$

③ 係数1を省略します。

必ず覚えておくべき基本分子の例

塩酸 HCl
酢酸 CH$_3$COOH
硫酸 H$_2$SO$_4$
硫化水素 H$_2$S
硝酸 HNO$_3$
炭酸 H$_2$CO$_3$
水酸化ナトリウム NaOH
リン酸 H$_3$PO$_4$
水酸化カリウム KOH
水酸化マグネシウム Mg(OH)$_2$
アンモニア NH$_3$
水酸化カルシウム Ca(OH)$_2$
塩化ナトリウム NaCl
水酸化アルミニウム Al(OH)$_3$
塩化亜鉛 ZnCl$_2$
水酸化鉄（Ⅲ） Fe(OH)$_3$
酸化銅（Ⅱ） CuO
酸化マグネシウム MgO
メタン CH$_4$
ブドウ糖 C$_6$H$_{12}$O$_6$

1. 化学反応式

$$N_2 + 3H_2 \longrightarrow 2NH_3$$

例題3 メタン（CH_4）を完全燃焼させたときの化学反応式を示しなさい。

解答

この例では，有機化合物の燃焼の反応式が求められていますが，燃焼とは化学反応的には酸素（O_2）と反応させることです。また，CとHとOでできている有機化合物が完全に酸化すると，二酸化炭素CO_2と水H_2Oができることは知識として知っておかなければなりません。

① 反応物と生成物をまず書きます。

$$CH_4 + O_2 \longrightarrow CO_2 + H_2O$$

② 係数を合わせます。CH_4の係数をとりあえず1とおきます。

$$1CH_4 + O_2 \longrightarrow CO_2 + H_2O$$

水素の係数の係数を合わせるため，右辺のH_2Oをまず2とします。

$$1CH_4 + O_2 \longrightarrow CO_2 + 2H_2O$$

また，酸素の係数を合わせるため，左辺のO_2の係数を2とします。

$$1CH_4 + 2O_2 \longrightarrow CO_2 + 2H_2O$$

③ 係数1を省略します。

$$CH_4 + 2O_2 \longrightarrow CO_2 + 2H_2O$$

化学反応式は，このような基本的な考え方によって作成することができます。いったん化学反応式を書ければ，その係数が示す反応物と生成物のモル比から多くの情報を引きだすことができ，化学反応をもっと身近に感じられるようになるでしょう。

3 イオン反応式のつくり方

最後に，イオン反応式のつくり方についてもみておきましょう。一般に，イオン式を用いて表した化学反応式を**イオン反応式**といいます。たとえば，

$$AgNO_3 + NaCl \longrightarrow NaNO_3 + AgCl \downarrow$$ の反応では，沈殿物以外の物質は水溶液中でイオンになっています。

塩化ナトリウム：$NaCl \longrightarrow Na^+ + Cl^-$

硝酸銀：$AgNO_3 \longrightarrow Ag^+ + NO_3^-$

生成する硝酸ナトリウム：$NaNO_3 \longrightarrow Na^+ + NO_3^-$

そこで，化学反応式を関係するイオンで書くと，

$$Ag^+ + NO_3^- + Na^+ + Cl^- \longrightarrow Na^+ + NO_3^- + AgCl \downarrow$$

両辺からこの反応で変化しないイオン$Na^+ + NO_3^-$を消去すると

$$Ag^+ + Cl^- \longrightarrow AgCl \downarrow$$

この式が実質的な化学反応を示すイオン反応式です。

このようなイオン反応式をつくる場合でも，これまでの化学反応式と同じように，両辺の原子の数を合わせる必要があります。ただし，イオンは電荷をもっているので，両辺の電荷の総和も等しくします。例題を解きましょう。

例題 銀イオン（Ag^+）を含む水溶液に銅（Cu）を加えると，銀（Ag）と銅（Ⅱ）イオン（Cu^{2+}）が生じる反応をイオン反応式で示しなさい。

解答
① 反応物と生成物をまず書きます。
$$Ag^+ + Cu \longrightarrow Ag + Cu^{2+}$$
② 両辺の係数と電荷数を合わせます。
これで原子の数は合っていますが，電荷の総和が異なるので完成ではありません。両辺の電荷が等しくなるように係数をつけなおします。この場合，右辺が＋2，左辺は＋1ですから，Cu は1倍のまま，Ag を2倍にするとつりあいます。
$$2Ag^+ + Cu \longrightarrow Ag + 1Cu^{2+}$$
今度は原子の数が不つりあいになってしまったので，原子の数が合うように係数をつけなおします。
$$2Ag^+ + 1Cu \longrightarrow 2Ag + 1Cu^{2+}$$
③ 係数1を省略します。
$$2Ag^+ + Cu \longrightarrow 2Ag + Cu^{2+}$$
つまり，イオン反応式は，このように両辺の原子数を合わせるだけでなく，電荷数も合わせるように心がけてください。

2 化学反応とエネルギー

　化学反応は，物質を構成する化学結合の切断や再結合を伴うため，それらに要するエネルギーの変化が伴います。そこで，化学反応に伴うエネルギーの変化がわかれば，反応がどちらに進むかを予測することができます。一般に，化学反応の方向も，水が高いところから低いところに流れるように，高いエネルギー状態から低い状態へ進む傾向があります（図4-3）。

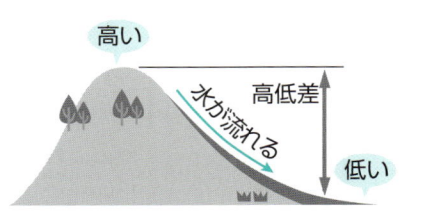

図4-3　反応の方向性

　物質が蓄えるエネルギーにはさまざまな形態があり，並進や回転などの運動をしていれば運動エネルギーをもつし，力学的あるいは電気的な位置エネルギーをもつこともあります。これらのエネルギーの総和を**内部エネルギー**

2. 化学反応とエネルギー

(U）といいます。

化学変化では

① 強固な圧力釜の内部のように，**体積一定で圧力が変化する条件**
② 大気圧下での実験のように，**圧力一定で体積が変化する条件**

のいずれかの場合を考えます。

ここで，それぞれの条件下において，外部から熱を加える操作を行うことを仮定しましょう。まず，体積一定で圧力が変化する条件下では，たとえば風船が膨らむような仕事をすることができないため，加えられた熱はすべて内部エネルギーとして蓄えられます。一方，圧力一定で体積が変化する条件下では，加えられた熱は，たとえば風船を膨らませる仕事にも使うことができるので，内部エネルギーはそれに要したぶんだけ差し引いたものが蓄えられることになります。

1 エンタルピー

日常の実験室で起こる化学反応は一定の大気圧下での反応ですから，圧力が一定で体積が自由に変化できる条件下で起こっており，化学変化に伴うエネルギーの変化は，内部エネルギーの変化だけでなく，内部エネルギーの変化と同時に消費される仕事量の増減を考慮する必要があります。このようなエネルギーの変化をより正確に表現するため，新たに**エンタルピー**（H）ということばを使うことにします。

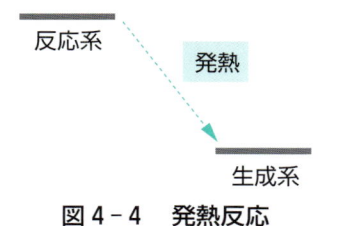

最初に示したように，化学反応は高いエネルギー状態から低いエネルギー状態へと変化します。しかし，一定圧力の大気圧下で行われる実験室などにおいては，化学反応は高いエンタルピーの状態から低いエンタルピーの状態に変化するように進むというふうに正確に言いかえておく必要があります。

このような場合，化学反応は自然に進んでいき，出発物質と反応物質とのエンタルピーの差が反応熱として放出されます。これを**発熱反応**といいます（図4-4）。

一方，低いエンタルピーの状態から，高いエンタルピーの状態に変化する化学反応では，外から熱のようなエネルギーを供給しないかぎり，自然には進みません。このような反応を**吸熱反応**といいます（図4-5）。

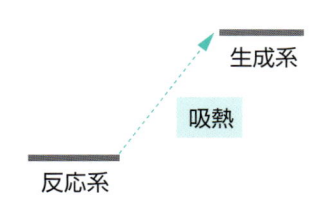

図4-4　発熱反応

図4-5　吸熱反応

> **コラム　おもな反応熱の種類**
>
> 　反応物質と生成物質のエンタルピーというエネルギーの差額が熱として放出され，吸収されたりしたものがさまざまな**反応熱**として現れます。
> ① **燃焼熱**：物質 1 mol が完全に燃焼するときに発生する熱
> ② **生成熱**：化合物 1 mol が，成分元素の単体から生成するときに発生または吸収する熱
> ③ **溶解熱**：物質 1 mol を多量の溶媒に溶かしたときに発生または吸収する熱
> ④ **中和熱**：酸と塩基が中和反応するときに発生する熱

　化学反応に伴うエンタルピーの変化は，出発物質の状態と生成物質の状態だけで決まり，その反応経路には関係しません。これを**ヘスの法則**といいます。たとえば，固体の水酸化ナトリウムと塩酸の反応は右の 2 通りのしかたで起こりますが，どちらの反応を通ってもその反応熱には違いはありません（図 4-6）。

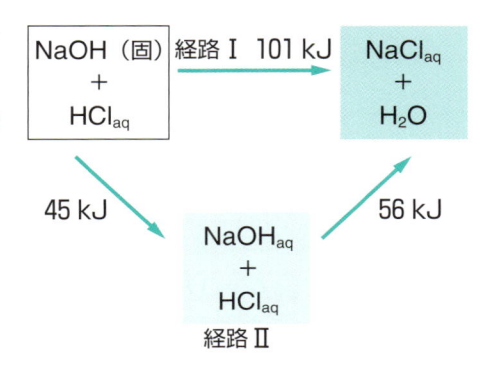

図 4-6　ヘスの法則の例

2　エントロピー

　化学反応の方向性を決めるもう 1 つの重要な指標が**エントロピー**（S）です。エントロピーはエネルギーの概念とはまったく異なりますが，反応の方向性を決めるためには不可欠な要因のため，ここで，あえて紹介することにします。エントロピーとは乱雑さということばで表されますが，コップの水に青インクを加えると，やがて青インクが拡散していき，コップの水全部が青色になるような現象によくたとえられます（図 4-7）。この現象はエントロピーが増加するという状態に対応します。

　コップの中に均一に広がった青インクの拡散が，逆方向に進んで透明な水に戻るということは，録画テープを逆回しでもしないかぎり起こり得ません。つまり，化学変化はつねにエントロピーが増加する方向にのみ進むのです。

図 4-7　水の中に拡散していく青インク

2. 化学反応とエネルギー

表　枚でスタート

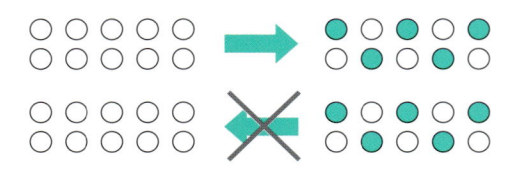

図4-8　コイン投げの変化は一方向

あるいは図4-8のように10枚の表コインを投げたときに、再び10枚とも表になる確率は非常に低くなることからも、理解できるかもしれません。

以上をまとめると、**化学反応の方向は常にエンタルピーが減少し、エントロピーが増大する方向へ進む**というふうに結論できます。この2つが化学反応の方向性を決める要因になっています。

3　自由エネルギー

しかし、片方の指標が増え、片方の指標が減るというのはなかなか扱いにくいかと思います。そこで、両者の差をとった指標を新たにつくることにして、これを**自由エネルギー**（G）と定めます。エンタルピーの変化をΔH、エントロピーの変化をΔSとすると、自由エネルギーの変化（ΔG）は次のように表現されます。

$$\Delta G = \Delta H - T\Delta S$$

このように書くと、自由エネルギーの変化は、エンタルピーとエントロピーの変化を同時に捉えることができて、しかも減少するΔHと増加するΔSは、ともにΔGの値を減少させる方向にはたらきますから、**すべての化学反応は自由エネルギーがより減少する方向へ進む**と最終的にまとめられることになります。ちなみに、Tは絶対温度を表していますが、エントロピー増大による寄与は温度の低いときは小さいのですが、温度が高くなると、その寄与が大きくなることも示しています。

4　熱化学方程式

化学反応に伴う熱量の変化は化学反応式に合わせて表示することもあり、反応に伴う熱量を同時に書き表したものを**熱化学方程式**といいます。この場合、反応物と生成物は「等号」で結ばれていることに注意を要します。

例：$C_6H_{12}O_6 + 6O_2 = 6CO_2 + 6H_2O + 686\,\text{kcal}$

この例では、1モルのブドウ糖（つまりブドウ糖180g）が完全に燃焼すると、686 kcalのエネルギーが放出されることを意味しています。

生物の酸素呼吸ではブドウ糖1モルの燃焼で38ATPが生成します（図4-9）。ATP 1モルあたり約7.3 kcalの自由エネルギーが蓄えられていますから、38ATPでは7.3 kcal×38＝277.4 kcalの自由エネルギーを生物は蓄えたことになります。これは、277.4 kcal÷686 kcal×100＝40.4（％）もの効率でブドウ糖のもつエネルギーを生物は利用していることを示しています。この値は人工的な熱機関と比べると、驚くほど高いものです。

図4-9　ATPがもつ高エネルギーリン酸結合

5　エネルギー代謝

　ヒトの**基礎代謝量**は男性では1日あたり1300-1600 kcal/日，女性では1100-1200 kcal/日のエネルギーを消費します。さまざまな作業を行った場合の1日あたりの必要エネルギーはもちろんこれより高くなり，男性で約2400 kcal/日，女性で約2000 kcal/日程度です。私たちはこれらの必要エネルギーを毎日食べる食物から摂取し，身体の活動を営んでいます。食物の各栄養素の生理的な燃焼による熱量は，グラムあたりになおすと，糖質4 kcal/g，脂質9 kcal/g，タンパク質4 kcal/gとなります。ちなみに，このカロリー係数（エネルギー換算係数）を**アトウォーター係数**といいます。

6　酵素：生体内の触媒

　化学反応では，出発物質と生成物質との間に高いエネルギー障壁があって，反応を進ませるためには，**活性化エネルギー**を必要とする場合もあります。ここで出てきた活性化エネルギーを低下させ，反応を起こしやすくするものが**触媒**です。生体反応では多くの**酵素**がこのはたらきをもっていて，円滑な化学反応を推し進めているのです（図4-10）。酵素は酵素上にある活性中心とよばれる部分で基質と結合し，**酵素基質複合体**を形成して，触媒としての作用を発揮します。酵素が結合できる相手の基質は決まっており，それぞれの生体反応には特異的な酵素が作用します。

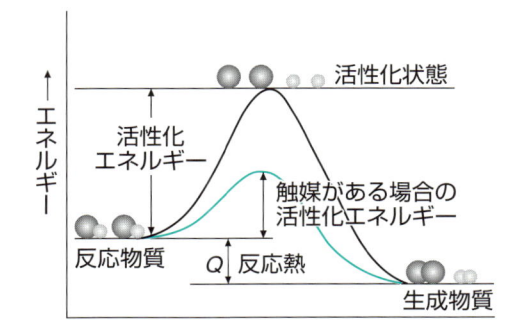

図4-10　化学反応と活性化エネルギー

● 章末問題

酵素と基質との**反応速度**は，基質濃度や反応温度によって大きな影響を受けます。一般に，基質濃度が高いほど，あるいは反応温度が高いほど，酵素の反応速度は速くなりますが，酵素自体がタンパク質からできていることにより，あまりの高温や極端な pH 変化では，立体構造が変わって**失活**してしまいます。つまり，生体内で酵素がはたらく温度や pH には**至適温度**や**至適pH** があるのです（図 4-11）。こうした体内で起こっているさまざまな化学反応の詳細については，いずれ生化学という分野でくわしく学ぶことになるでしょう。

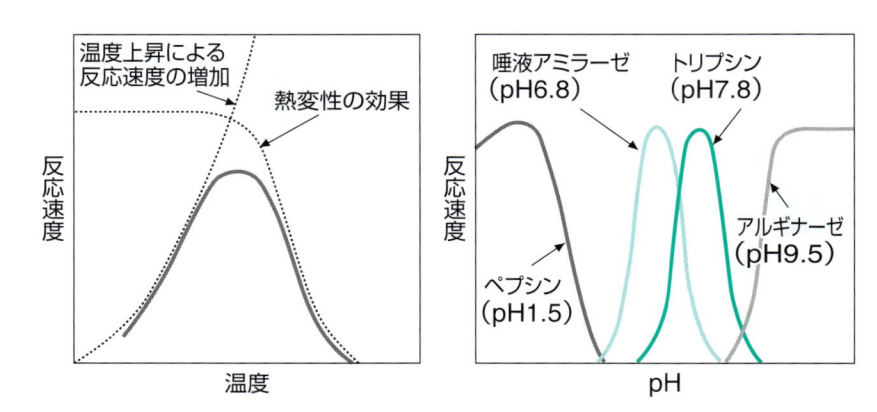

図 4-11　温度や pH による酵素の反応速度に対する影響

章末問題

1. 次の化学反応の係数を求め，記入し，式を完成させなさい。

   ① $H_2 + O_2 \longrightarrow H_2O$
   ② $CaO + C \longrightarrow CaC_2 + CO$
   ③ $C_2H_6 + O_2 \longrightarrow CO_2 + H_2O$
   ④ $CO_2 + H_2O \longrightarrow C_6H_{12}O_6 + H_2O + O_2$

2. ブタン（C_4H_{10}）を完全に燃焼させたときの化学反応式を示しなさい。

解答

1. ① $2H_2 + O_2 \longrightarrow 2H_2O$
   ② $CaO + 3C \longrightarrow CaC_2 + CO$
   ③ $2C_2H_6 + 7O_2 \longrightarrow 4CO_2 + 6H_2O$
   ④ $6CO_2 + 12H_2O \longrightarrow C_6H_{12}O_6 + 6H_2O + 6O_2$
2. $2C_4H_{10} + 13O_2 \longrightarrow 8CO_2 + 10H_2O$

第5章　酸・塩基，中和

1　酸と塩基

　レモンを口にすると，とても酸っぱく感じます。また，紅茶にレモンを入れると，紅茶の色が変化するのを観察できます。レモンに含まれているこの物質のことを酸とよびます。酸には，レモンや果物に含まれるクエン酸や食酢に含まれている酢酸 CH_3COOH などがあります。これらの物質はすべて酸味があり，青色リトマス紙を赤色に変える性質をもっています。また，鉄や亜鉛などの金属と反応して水素を発生させます。酸が示すこのような性質のことを酸性といいます。一方，酸の性質をうち消す物質を塩基といいます。たとえば，石灰，重曹，灰汁（あく），水酸化ナトリウム $NaOH$ などがあります。塩基は苦みがあり，赤色リトマス紙を青色に変える性質をもち，手で触るとぬるぬるとした感じがします。塩基が示す性質を塩基性といいます。特に水によく溶ける塩基をアルカリ，その性質をアルカリ性といいます。また，酸性も塩基性も示さない水や食塩水などの性質を中性といいます。

1　酸・塩基の定義

　1887年に，アレニウスは，「水溶液中で電離して，H^+ を生じる物質を酸，OH^- を生じる物質を塩基とする」と定義しました。たとえば，水溶液中で塩酸 HCl や硫酸 H_2SO_4 は

$$HCl \longrightarrow H^+ + Cl^-$$
$$H_2SO_4 \longrightarrow 2H^+ + SO_4^{2-}$$

のように電離し，H^+ を生じます。また，$NaOH$ や水酸化バリウム $Ba(OH)_2$ は

$$NaOH \longrightarrow Na^+ + OH^-$$
$$Ba(OH)_2 \longrightarrow Ba^{2+} + 2OH^-$$

のように電離し，OH^- を生じます。水素イオン H^+ となる水素原子の数を，その酸の価数といい，水酸化物イオン OH^- の数を塩基の価数といいます。つまり，1つの H^+ または OH^- を生じる酸や塩基を1価，2つの H^+ または OH^- を生じる酸や塩基を2価といいます。

1. 酸と塩基

アンモニア NH_3 を水に溶かすと塩基性のアンモニア水になります。しかし，NH_3 は分子内に OH^- をもっていないのに塩基性を示すため，アレニウスの定義と矛盾します。実際には，アンモニア水は

$$NH_3 + H_2O \longrightarrow NH_4^+ + OH^-$$

となり，OH^- が発生しています。この矛盾を解決するために，1923年に，ブレンステッドとローリーは，「酸とは H^+ を放出する物質であり，塩基は H^+ を受け取る物質である」と再定義しました。次に，HCl と NH_3 を水に溶かす場合を考えてみましょう。化学反応式で書くと

$$HCl + NH_3 \longrightarrow NH_4^+ + Cl^-$$

となります。このとき，実際は

$$HCl + H_2O \longrightarrow Cl^- + H_3O^+ \quad \cdots\cdots ①$$
$$NH_3 + H_2O \longrightarrow NH_4^+ + OH^- \quad \cdots\cdots ②$$

の反応が起こっています。H_3O^+ をオキソニウムイオンといいますが，省略して H^+ と書きます。ここで，注目してもらいたいのが，①の反応では，H_2O は H^+ を受け取る塩基として，②の式では，H_2O は H^+ を放出する酸としてはたらくことです。このように，H_2O は酸としても塩基としてもふるまうことができる分子です。

2 酸・塩基の強弱

炭酸飲料に含まれている炭酸 H_2CO_3 や食酢の酢酸 CH_3COOH は**弱酸**ですが，トイレの洗浄剤に含まれている塩酸 HCl は**強酸**です。それでは，このような酸の強弱を決めているのは何でしょうか。

たとえば，HCl の場合，

$$HCl \longrightarrow H^+ + Cl^-$$

という右向きの反応がほぼ100%進みます（不可逆反応）。

これに対して，CH_3COOH は，

$$CH_3COOH \rightleftarrows CH_3COO^- + H^+$$

という両方向への反応が起こっていて，いずれかの方向に100%進むというわけではありません（可逆反応）。したがって，酸の種類により不可逆反応または可逆反応のいずれかの反応が進みます。また，同じ可逆反応でも右向きの反応と左向きの反応がどの程度，優位かも異なります。これを表す指標として，**電離度**があります。電離度とは，溶かした電解質の物質量に対して電離した電解質の物質量の割合をいいます。

$$電離度 = \frac{電離した電解質の物質量〔mol〕}{溶かした電解質の物質量〔mol〕}$$

水溶液中の物質のモル濃度が同じでも，電離度の大きい物質のほうがイオ

ン濃度は大きくなります。HCl は電離度が1に近く，CH$_3$COOH は電離度が0に近くなります。したがって，強酸の HCl と弱酸の CH$_3$COOH を比べると，同じモル濃度であっても，水溶液中に存在する H$^+$ の量は HCl で多く，CH$_3$COOH で少なくなります。このことから，酸が強くなればなるほど，H$^+$ 濃度が高くなるといえます。このように，電離度が大きい酸や塩基を強酸，**強塩基**，電離度が小さい酸や塩基を弱酸，**弱塩基**といいます。

　また，酸や塩基の化合物としてのモル濃度〔mol/L〕ではなく，H$^+$ または OH$^-$ としてのモル濃度〔mol/L〕を示す指標を**規定度**（N）といいます。たとえば，

$$HCl \longrightarrow H^+ + Cl^-$$

のように，1 mol/L の塩酸には，1 mol/L の H$^+$ と 1 mol/L の Cl$^-$ が含まれています。このとき，1規定（1 N）と表します。また，

$$H_2SO_4 \longrightarrow 2H^+ + SO_4^{2-}$$

の場合，1 mol/L の硫酸には，2 mol/L の H$^+$ と 1 mol/L の SO$_4^{2-}$ が含まれています。このとき，2規定（2 N）と表します。また，別のいい方をすれば，1 N の溶液とは，溶液 1 L 中に1グラム当量の溶質を含む溶液といえます。グラム当量とは式量を酸あるいは塩基の**価数**で除したものです。たとえば，NaOH は1価の塩基で，原子量が Na = 23, O = 16, H = 1 であるため，式量は 23 + 16 + 1 = 40 となります。したがって，1グラム当量は，$\frac{40}{1} = 40$ となります。40 g の NaOH を水に溶かして 1 L にすれば 1 N となります。また，この溶液は，1 mol/L になります。H$_2$SO$_4$ の場合だと，2価の酸で，原子量が H = 1, S = 32, O = 16 であるため，式量は 1 × 2 + 32 + 16 × 4 で 98 となります。したがって，1グラム当量は，$\frac{98}{2} = 49$ となります。49 g の H$_2$SO$_4$ を水に溶かして 1 L にすれば 1 N となりますが，この溶液は H$_2$SO$_4$ としては 0.5 mol/L になります。規定度は，濃度がわかっている塩基または酸との**中和**によって濃度がわからない酸または塩基の水溶液の濃度を決める**中和滴定**などでよく用いられます。

2 水素イオン濃度と pH

1 水素イオン濃度

水はほんのわずかに電離し，

$$H_2O \rightleftharpoons H^+ + OH^-$$

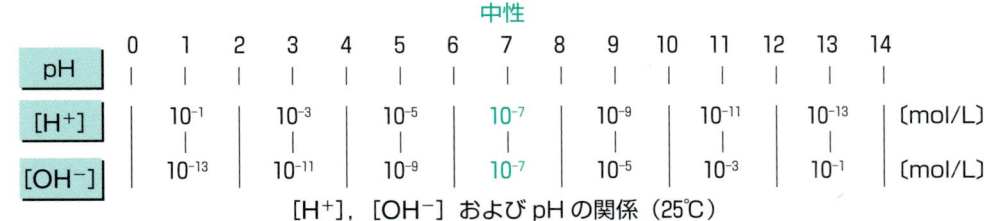

2. 水素イオン濃度とpH

となっています。水は中性なので，**水素イオン濃度 [H$^+$]** と **水酸化物イオン濃度 [OH$^-$]** は等しくなっています。また，25℃のとき

$$[H^+] \times [OH^-] = 1.00 \times 10^{-14} \,(\text{mol/L})^2$$

となっています。これを水のイオン積といいます。したがって，この場合，

$$[H^+] = 1.00 \times 10^{-7} \,(\text{mol/L})$$
$$[OH^-] = 1.00 \times 10^{-7} \,(\text{mol/L})$$

となります。酸性の場合，H$^+$が多いため [H$^+$] > 1.00×10^{-7} となり，塩基性の場合，H$^+$が少ないため，[H$^+$] < 1.00×10^{-7} となります（図5-1）。

pH	0	1	2	3	4	5	6	7	8	9	10	11	12	13	14	
[H$^+$]		10^{-1}		10^{-3}		10^{-5}		10^{-7}		10^{-9}		10^{-11}		10^{-13}		(mol/L)
[OH$^-$]		10^{-13}		10^{-11}		10^{-9}		10^{-7}		10^{-5}		10^{-3}		10^{-1}		(mol/L)

[H$^+$]，[OH$^-$] および pH の関係（25℃）
水溶液のpHが小さいほど酸性が強く，大きいほど塩基性が強い。

図5-1 水素イオン濃度とpH

1909年，セレーセンは，水素イオン濃度の逆数の対数（log）値を **pH** と定義しました。すなわち，

$$pH = \log \frac{1}{[H^+]} = -\log [H^+]$$

という式でpHを表しました。ここで用いた対数とは，大きな数を見かけ上，小さな数として表す便利な方法です。たとえば，10, 100, 1000, 10000という数値は，指数表示では，それぞれ10^1, 10^2, 10^3, 10^4と表されますが，対数表示では，10の何乗かというふうに表すため，log 10 = 1, log 100 = 2, log 1000 = 3, log 10000 = 4 というようになります。対数表示では，数値が1異なると10倍違うことを意味します。したがって，たとえば，[H$^+$] が 10^{-6} の場合，pH = $-\log [10^{-6}]$ と表示されます。10^{-6}は10の－6乗なので，log 10^{-6}の解は－6となりますが，logの前に－がつくため，－（－6）となり，6となります。すなわち，[H$^+$] が10^{-6}の場合，pHは6となります。そうすると，

　　酸性　　　[H$^+$] > 10^{-7} となるため，pH < 7
　　中性　　　[H$^+$] = 10^{-7} となるため，pH = 7
　　塩基性　　[H$^+$] < 10^{-7} となるため，pH > 7

と表すことができます。このように，pHを測定すると，その水溶液が酸性なのか，中性なのか，塩基性なのかがわかります。また，pHの値が1異なると [H$^+$] は10倍，pHの値が2異なると [H$^+$] は100倍変わります。

2 pHの測定法

pHの測定法の例をあげます。

(1) 定性的測定法

・**リトマス紙** 非常におおざっぱに，酸性か中性かアルカリ性かをみわける安価な簡便法です。青色リトマス紙を赤色に変えると酸性で，赤色リトマス紙を青色に変えると塩基性ということになります。

・**pH指示薬** pHによって色が変化する色素を含む試薬で，色を見ることで，およそのpH値を判定できます（図5-2）。

pH	0 1 2 3 4 5 6 7 8 9 10 11 12 13 14
メチルオレンジ	(3.1) 赤　橙黄 (4.4)
メチルレッド	(4.2) 赤　黄 (6.2)
リトマス	(4.5) 赤　青 (8.3)
ブロモチモールブルー	(6.0) 黄　青 (7.6)
フェノールフタレイン	(8.0) 無　赤 (9.8)

図5-2　pH指示薬

(2) 定量的測定法

pHメーターを用いると，正確にpH値を測定できます。

3 中　和

酸と塩基を混ぜるとどうなるでしょうか？　たとえば，1価の強酸のHClと1価の強塩基のNaOHを同じ濃度で混ぜると，

$$HCl + NaOH \longrightarrow H^+ + Cl^- + Na^+ + OH^- \longrightarrow NaCl + H_2O$$

となります。この場合，H^+がうち消されるため溶液は中性になります。このように，酸と塩基が互いにうち消しあうことを中和といいます。このとき，酸の陰イオンと塩基の陽イオンから生じる物質（この場合，NaCl）のことを**塩**（えん）といいます。同様に，同じ濃度の強酸と弱塩基を混合すると

$$HCl + NH_4OH \longrightarrow NH_4Cl + H_2O \longrightarrow NH_4OH + Cl^- + H^+$$

となり，H^+が存在するので酸性に，弱酸と強塩基を混合すると

$$CH_3COOH + NaOH \longrightarrow CH_3COONa + H_2O$$
$$\longrightarrow CH_3COOH + Na^+ + OH^-$$

となり，OH^-が存在するので塩基性に，弱酸と弱塩基を混合すると中性になります。

4　緩衝液と緩衝作用

　純水に薄い塩酸を少し加えるだけで，pH はすぐに酸性側に傾きますが，血液，尿，スポーツドリンクなどは，多少の酸や塩基を加えても pH は容易に変化しません。このような性質をもつ水溶液を**緩衝液**といいます。緩衝液は，弱酸とその強塩基塩の混合液または弱塩基とその強酸塩の混合液からできています。たとえば，酢酸緩衝液は，酢酸（弱酸）CH_3COOH と酢酸ナトリウム（酢酸の強塩基塩）CH_3COONa の混合液からできています。この溶液内では

$$CH_3COOH \rightleftarrows CH_3COO^- + H^+ \cdots\cdots ①$$
$$CH_3COONa \rightleftarrows CH_3COO^- + Na^+ \cdots\cdots ②$$

の反応が起っていますが，①の反応は左向きに，②の反応は右向きに反応がかたよっています。したがって，この混合液では，CH_3COOH と CH_3COO^- が多く存在している状況にあります。この溶液に，酸（H^+）を加えると

$$CH_3COO^- + H^+ \longrightarrow CH_3COOH$$

の反応が進むため，酸（H^+）がうち消されます。同様に，塩基（OH^-）を加えると

$$CH_3COOH + OH^- \longrightarrow CH_3COO^- + H_2O$$

の反応が進み，塩基（OH^-）がうち消されます。このようにして，酢酸緩衝液には，H^+ の影響も OH^- の影響もうち消す作用（**緩衝作用**）があるため，容易に pH は変化しないのです。

●引用文献
1) 佐野博敏ら：改訂　化学Ⅰ，第一学習社.
2) 岸川卓央，齋藤潔，成田彰，森安勝，渡辺祐司：絵ときでわかる基礎化学，オーム社.

第5章 酸・塩基，中和

章末問題

次の各問に答えなさい。ただし，原子量は，H＝1, O＝16, P＝31, S＝32, Cl＝35.5とする。

1. 0.5 mol/L の塩酸（HCl）の規定度はいくらか。
2. 0.3 mol/L の硫酸（H_2SO_4）の規定度はいくらか。
3. 0.2 mol/L のリン酸（H_3PO_4）の規定度はいくらか。
4. 0.2 N の塩酸水溶液（HCl）1 L に含まれる H^+ のモル数はいくらか。
5. 0.2 N の塩酸水溶液（HCl）1 L に含まれる HCl のモル数はいくらか。
6. 5 N の硫酸水溶液（H_2SO_4）1 L に含まれる H^+ のモル数はいくらか。
7. 5 N の硫酸水溶液（H_2SO_4）1 L に含まれる H_2SO_4 のモル数はいくらか。
8. 3 N の塩酸水溶液（HCl）のモル濃度はいくらか。
9. 0.4 N の硫酸水溶液（H_2SO_4）のモル濃度はいくらか。

解答

1. HCl の H^+ は 1 価である。　$0.5 \times 1 = 0.5$ N
2. H_2SO_4 の H^+ は 2 価である。　$0.3 \times 2 = 0.6$ N
3. H_3PO_4 の H^+ は 3 価である。　$0.2 \times 3 = 0.6$ N
4. HCl の H^+ は 1 価である。　0.2 モル
5. 0.2 モル
6. 5 モル
7. H_2SO_4 の H^+ は 2 価である。　$\dfrac{5}{2} = 2.5$ モル
8. HCl の H^+ は 1 価である。　$\dfrac{3}{1} = 3$ mol/L
9. H_2SO_4 の H^+ は 2 価である。　$\dfrac{0.4}{2} = 0.2$ mol/L

第6章　酸化還元反応

1　酸化・還元の定義

1　酸素の授受

銅 Cu を燃焼させると酸化銅(Ⅱ) CuO となり，黒くなります。これは空気中の酸素 O_2 と結びついて変色したものです。これを水素 H_2 に接触させるとその部分はもとの銅 Cu の色に戻ります。前者を酸化，後者を還元といいます。

$$\underset{\text{酸化された（酸素と化合した）}}{\overset{\text{酸化}}{2Cu + O_2 \longrightarrow 2CuO}} \qquad \underset{\text{還元された（酸素を失った）}}{\overset{\text{還元}}{CuO + H_2 \longrightarrow Cu + H_2O}}$$

- ある物質が酸素と化合したとき，その物質は「酸化」されたといい，その変化を「酸化」という。
- ある物質（酸化物）が酸素を失ったとき，その物質は「還元」されたといい，その変化を「還元」という。

上記の例では同時に H_2 が酸化されています。

2　水素の授受

火山や温泉では硫化水素 H_2S が空気中の酸素 O_2 と結びついて硫黄 S を放っています。

$$\underset{\text{酸化された（水素を失った）}}{\overset{\text{還元された（水素と化合した）}}{2H_2S + O_2 \longrightarrow 2S + 2H_2O}}$$

この反応は，硫化水素 H_2S に酸素 O_2 を反応させたので酸化反応であると考えられます。しかし，硫化水素 H_2S に酸素 O_2 は化合せずに水素原子 H を失っています。この場合も酸化といいます。

- ある物質が水素を失ったとき，その物質は「酸化された」といい，その変化を「酸化」という。
- ある物質が水素と化合したとき，その物質は「還元された」といい，その変化を「還元」という。

3 電子の授受

反応式　$2Cu + O_2 \longrightarrow 2CuO$ のそれぞれの原子を電子の授受について注目してみると，

$Cu \longrightarrow Cu^{2+} + 2e^-$

$O_2 + 4e^- \longrightarrow 2O^{2-}$

となっています。

- ある原子が電子を失ったとき，その物質は「酸化された」といい，その変化を「酸化」という。
- ある原子が電子を得たとき，その物質は「還元された」といい，その変化を「還元」という。

つまり，1つの反応の中で電子を失う原子と電子を得る原子が存在するということは，酸化反応と還元反応は同時に起きているということです。この反応のことを酸化還元反応といいます。

2 酸化数

イオン結合からできた物質の反応では，電子の授受がはっきりしていますが，共有結合からできた物質が関連した反応では，電子の授受がはっきりしません。そのために酸化数を用いて考えることとなります。

酸化数の決め方は

① 単体中の原子の酸化数は0とする。

　例　H_2　O_2　Na　Cu　… すべて酸化数0

② 単原子イオンの酸化数はそのイオンの価数に等しい。

　例　Fe^{2+}　… 酸化数 +2
　　　Cl^-　… 酸化数 -1

③ 化合物中の原子の酸化数の和は0とする。そのさい，水素原子の酸化数は+1，酸素原子の酸化数は-2とする。

　例　H_2O　…　$(+1) \times 2 + (-2) = 0$
　　　NH_3　…　(Nの酸化数) $+ (+1) \times 3 = 0$　∴ Nの酸化数は -3

3. 酸化・還元剤

④ 多原子イオン中の酸化数の和はそのイオンの価数に等しい。

例　SO_4^{2-} … （Sの酸化数）$+(-2) \times 4 = -2$　∴ Sの酸化数は$+6$
　　NH_4^+ … （Nの酸化数）$+(+1) \times 4 = +1$　∴ Nの酸化数は-3

酸化数が増加すると電子数が減少する。つまり，酸化されたということがわかる。したがって，

- ある原子の酸化数が増加したとき，その原子は「酸化された」といい，
- ある原子の酸化数が減少したとき，その原子は「還元された」という。

表6-1　酸化・還元の定義のまとめ

	酸素	水素	電子	酸化数
酸化	化合した	失った	失った	増加した
還元	失った	化合した	得た	減少した

3　酸化・還元剤

- 酸化還元反応において相手の物質を酸化する（電子を奪う）物質を「酸化剤」といい，相手の物質を還元する（電子を与える）物質を「還元剤」という。
- 酸化反応と還元反応は同時に起きているので，酸化剤自身は還元され，還元剤自身は酸化される。

$$2HCl + H_2O_2 \longrightarrow 2H_2O + Cl_2$$
　還元剤　　酸化剤

表6-2　おもな酸化剤

酸化剤	水溶液中での反応（半反応式）
塩素　　Cl_2（他のハロゲン Br_2　I_2 も同様）	$Cl_2 + 2e^- \longrightarrow 2Cl^-$
過酸化水素　H_2O_2（酸化剤として）	$H_2O_2 + 2H^+ + 2e^- \longrightarrow 2H_2O$
希硝酸　HNO_3	$HNO_3 + 3H^+ + 3e^- \longrightarrow NO + 2H_2O$
濃硝酸　HNO_3	$HNO_3 + H^+ + e^- \longrightarrow NO_2 + H_2O$
濃硫酸　H_2SO_4	$H_2SO_4 + 2H^+ + 2e^- \longrightarrow SO_2 + 2H_2O$
二酸化硫黄　SO_2（酸化剤として）	$SO_2 + 4H^+ + 4e^- \longrightarrow S + 2H_2O$
過マンガン酸カリウム　$KMnO_4$（酸性）	$MnO_4^- + 8H^+ + 5e^- \longrightarrow Mn^{2+} + 4H_2O$

表6-3　おもな還元剤

還元剤	水溶液中での反応（半反応式）
水素　H_2	$H_2 \longrightarrow 2H^+ + 2e^-$
ナトリウム　Na（他の金属 Mg, Al も同様）	$Na \longrightarrow Na^+ + e^-$
過酸化水素　H_2O_2（還元剤として）	$H_2O_2 \longrightarrow O_2 + 2H^+ + 2e^-$
硫化水素　H_2S	$H_2S \longrightarrow S + 2H^+ + 2e^-$
二酸化硫黄　SO_2（還元剤として）	$SO_2 + 2H_2O \longrightarrow SO_4^{2-} + 4H^+ + 2e^-$
硫酸鉄（Ⅱ）　$FeSO_4$	$Fe^{2+} \longrightarrow Fe^{3+} + e^-$

● 酸化還元反応式のつくり方

　前ページの表の酸化剤・還元剤のはたらきを示す式を半反応式という。酸化還元反応は酸化剤と還元剤の反応であるから、酸化剤が受け取る電子 e^- の数と還元剤の放出する電子 e^- の数が等しくなるように組み合わせればよい。

　硫酸鉄（Ⅱ）$FeSO_4$ の水溶液に過酸化水素 H_2O_2 の水溶液を加えたとき、過酸化水素は酸化剤としてはたらく。この酸化還元反応式は

　　　硫酸鉄（Ⅱ）$FeSO_4$　　$Fe^{2+} \longrightarrow Fe^{3+} + e^-$　　　…①

　　　過酸化水素　H_2O_2　　$H_2O_2 + 2H^+ + 2e^- \longrightarrow 2H_2O$　…②

電子 e^- の数をそろえるため①×2のあと②と両辺をそれぞれ加えると

　　$2Fe^{2+} + H_2O_2 + 2H^+ + 2e^- \longrightarrow 2Fe^{3+} + 2e^- + 2H_2O$

となり両辺から $2e^-$ が消去でき、

　　$2Fe^{2+} + H_2O_2 + 2H^+ \longrightarrow 2Fe^{3+} + 2H_2O$

両辺に SO_4^{2-} を加えると、

　　$2FeSO_4 + H_2O_2 + H_2SO_4 \longrightarrow Fe_2(SO_4)_3 + 2H_2O$

という酸化還元反応式が得られる。

◆ 章末問題

章末問題

1. 下線部の原子の酸化数を求めなさい。
   ① $\underline{H}_2$　② $\underline{C}O_2$　③ $H\underline{Cl}$　④ $\underline{Fe}_2O_3$　⑤ $H_2\underline{S}O_4$

2. 次の①～④の中で酸化還元反応を選びなさい。
   ① $H_2SO_4 + 2NaOH \longrightarrow Na_2SO_4 + 2H_2O$
   ② $Cu + 2H_2SO_4 \longrightarrow CuSO_4 + SO_2 + 2H_2O$
   ③ $NaCl + AgNO_3 \longrightarrow AgCl + NaNO_3$
   ④ $CuCl_2 \longrightarrow Cu + Cl_2$

3. 過マンガン酸カリウム $KMnO_4$ の硫酸酸性水溶液に過酸化水素 H_2O_2 の水溶液を加えたときの酸化還元反応式を記しなさい。

解答

1. ① 0　② +4　③ −1　④ +3　⑤ +6
2. ②, ④
3. $2KMnO_4 + 3H_2SO_4 + 5H_2O_2 \longrightarrow K_2SO_4 + 2MnSO_4 + 5O_2 + 8H_2O$

第7章 有機の化学

1 有機化学とは

1 有機化学を学ぶわけ

　最初に栄養士・管理栄養士をめざすみなさんが有機化学を勉強する理由を考えてみます。

　栄養士・管理栄養士が取り扱う対象は人体です。ですから，ヒトの体を構成しているものをみてみましょう。（図7-1）。**機械論的**[注1]にはヒトの体はさまざまな役割をもった**器官系**から構成されています（表7-1）。器官系は**器官**に細分されます。個々の器官は**組織**で構成され，組織は**細胞**が集合したものです。そして，生命活動の担い手としての最小単位である細胞は原子と分子のかたまりです。ヒトの体を森にたとえると，原子や分子は森を構成する草木や動物のような存在です。森のことを知るためにはその中に生きている草木や動物のことを知る必要があります。つまり，ヒトの体を知るためには原子や分子のことを知る必要があるのです。

　さて，みなさんは「**昨日の私と今日の私は同じ**」という生命が生みだすトリックにだまされないでください。昨日の私と今日の私は必ずどこかが違います。私たちの体は常に入れかわっています。しかし，あまりに小さいレベル（原子や分子のレベル）で入れかわっているために，巨視的には変わらないように見えます。私たちが口にする食品の多くは生物由来の食材を利用しており，あらゆる生物は分子や原子から構成されています。つまり，私たちは食品に含まれる原子や分子を体の内側に入れ（**食べる**），物理的および化学的に分解（**消化**）し，体の内部にとり込みます（**吸収**）。そして，とり込んだ原子や分子を生命活動の維持に利用しています。さらに体の中で役割を終えた原子や分子たちは**排泄**されます。この「食べる」，「消化する」，「吸収する」，「排泄する」という一連の流れの中身は化学反応で一杯です。その化学反応の主役たちの多くが炭素を骨格とした有機化合物です。ですので，生命活動を理解するためには有機化学を知る必要があります。

　第7章では食品や生命活動に関係する有機化学を中心に学びます。

注1）**機械論的**
ヒトの体を部品で分けていく考え方です。科学の基本は複雑なものを細分化して簡単なものとして分析することにあります。

◆ 1. 有機化学とは

①個体レベル　②器官系レベル　③器官レベル

④組織レベル

原子

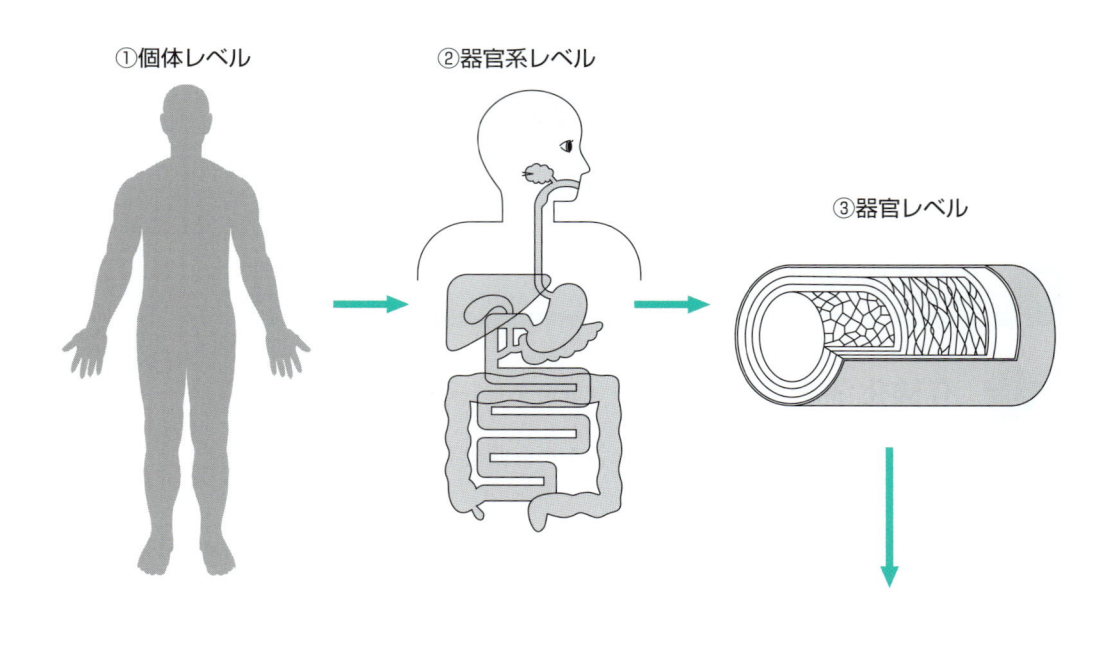

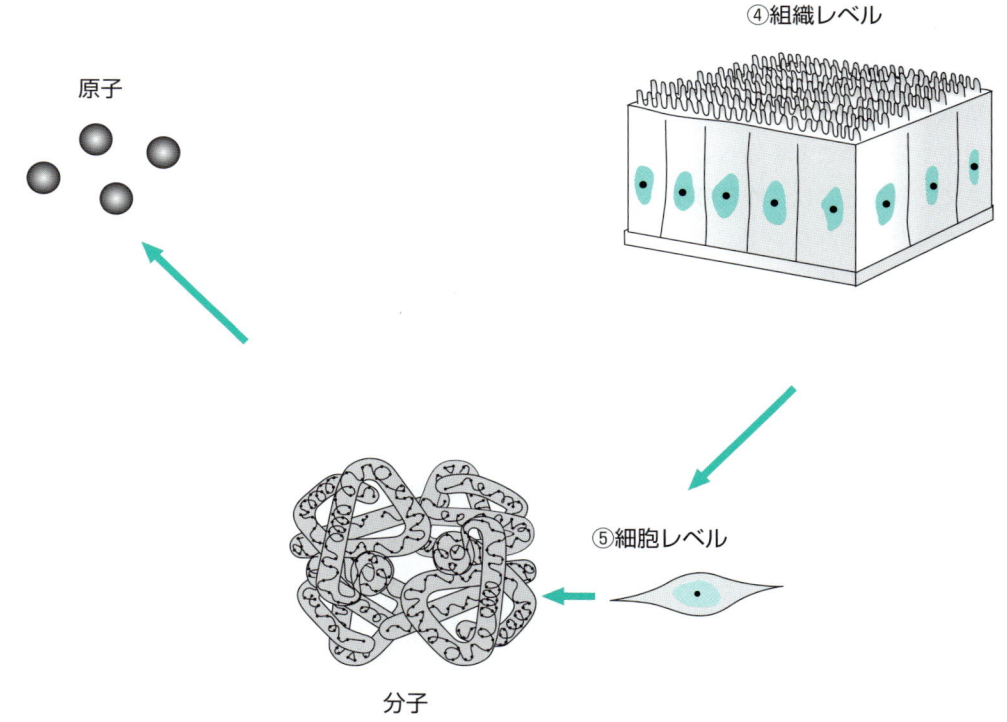

⑤細胞レベル

分子

図7-1　体の構成レベル

第 7 章　有機の化学

表 7-1　人体における 11 の器官系

器官系	構成要素	機能
外皮系	皮膚および皮膚に由来する毛，爪，汗腺，脂腺などの構造	体の保護，老廃物の一部を排出，ビタミン D 生産の補助，触覚や痛みなどの感覚検出。
骨格系	体内の骨，関節，軟骨	体の支持と保護，筋の付着部位，運動の補助，血液細胞を産生する細胞の貯蔵，ミネラルと脂質の貯蔵。
筋系	骨格筋組織からなる筋	歩行などの運動をもたらす。姿勢維持，熱の産生。
神経系	脳，脊つい，神経，目や耳などの特殊感覚器官	活動電位の発生，体の内部環境や外部環境の変化の検出，変化の解釈と対応。
内分泌系	ホルモンを産生する腺や細胞	化学的メッセンジャーのホルモンを分泌し，血液によって標的器官へ運ぶことで体の活動を維持。
リンパ系と免疫	リンパとリンパ管，ひ臓，胸腺，リンパ節，扁桃（へんとう）	タンパク質と体液を血液中に戻す。消化管から血液へ脂肪を運搬する。リンパ球の成熟や増殖の場として疾患を引き起こす微生物から体を守る。
消化器系	口，咽頭（いんとう），食道，胃，小腸，大腸，直腸，肛門からなる消化管。だ液腺，肝臓，胆のう，すい臓などの消化を助ける付属器官	食物を物理的，化学的に分解する。栄養素を吸収する。固形の老廃物を排出する。
泌尿器系	腎臓，尿管，ぼうこう，尿道	尿の産生，貯蔵，排泄。血液の量と化学的組成の制御。体液の酸塩基平衡の維持を補助。ミネラルバランスの維持。赤血球の生産補助。
心臓血管系	心臓，血液，血管	心臓は血管を介して血液を送りだす。血液は酸素と栄養素を細胞に運搬し，細胞から二酸化炭素と老廃物を運び去る。体液の酸塩基平衡，温度，水の含有量の制御補助。病気に対する防御を助ける。血管を修復する。
呼吸器系	肺，気道，咽頭，喉頭（こうとう），気管，気管支	吸い込んだ空気から酸素を血液へ移し，血中の二酸化炭素を排出する空気に移す。体液の酸塩基平衡の調節補助。声帯で音をつくりだす。
生殖器系	生殖腺と付属する器官	配偶子の産生。ホルモンの分泌による生殖過程などの制御。生殖細胞の輸送と貯蔵。

2 有機化学の定義

　元来，生物のような生活機能をもつものを有機体といい，有機体が生産するものという意味で有機化合物と名づけられました。有機化合物のきわだった性質として，燃えやすいことがあげられます。科学者たちは，有機化合物を燃焼させると，おもに二酸化炭素（CO_2）と水（H_2O）が生成することをみいだし，有機化合物を構成している元素が炭素（C），酸素（O），水素（H），窒素（N），ときには硫黄（S），リン（P），その他のかぎられた元素で構成されることを明らかにしました。とりわけ，炭素はどの有機化合物にも含まれています。この事実が今日の**有機化学は炭素化合物の化学である**という定義につながるのです。

2　有機化学の定義と基本

　みなさんにとって有機化学の位置づけは，栄養士や管理栄養士に必要な専門科目を修得する道具の1つです。第2節では有機化学を道具として使うために必要な基本的なルールを覚えてください。

1 構造式の書き方

　有機化学では構造式を眺めたり描いたりしなければならない場面が頻繁に出てきます。似た構造をしている有機化合物は似たような性質をもっている可能性が高いので，構造をみて分子の性質を想像できるようになるために構造式に慣れる必要があります。そこで構造式の書き方を学びましょう。

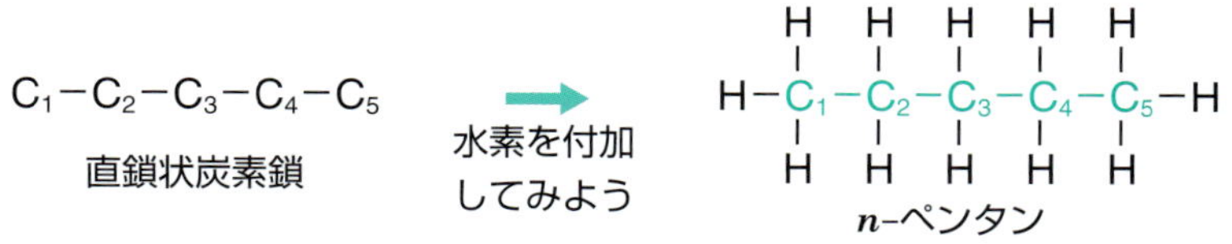

$C_1-C_2-C_3-C_4-C_5$
直鎖状炭素鎖

水素を付加してみよう →

$$H-C_1(H_2)-C_2(H_2)-C_3(H_2)-C_4(H_2)-C_5(H_2)-H$$
n-ペンタン

図7-2　n-ペンタンの構造式

　分子式 C_5H_{12} に対応するすべての構造式を描きます。まず，5つの炭素すべてを直鎖状に並べます（<u>直鎖状炭素鎖</u>）（図7-2）。このとき，両末端の炭素は原子価（結合できる手）1つを，鎖の中にある炭素は原子価2つを使用しています。したがって，両末端の炭素は残り3つの原子価を，鎖の中にある炭素は残り2つの原子価を使って水素と結合します。その結果，構造式は n-ペンタン[注2]となります（図7-2）。次に，直鎖状につながる炭素を4

注2）n
n は normal の略号で直鎖を意味し，斜体（イタリック体）で表記します。

第 7 章　有機の化学

つに減らして，枝分かれした炭素鎖を考えます（図 7-3）。直鎖状の炭素鎖に 5 番目の炭素をつないでみると，つなぎ方のパターンは 4 通りあります（図 7-3：パターン 1〜4）。しかし，水素を付加して炭素原子に見分けがつかなくなると，パターン 1 とパターン 4 は n-ペンタンと同じ形だとわかります（図 7-2）。また，パターン 2 とパターン 3 が同じ形であることもわかります。この分子をイソペンタンまたは **2-メチルブタン**[注3] とよびます。さらに，最長炭素数を 3 炭素に減らし，残り 2 つの炭素を中央の炭素に連結すると 3 番目の分子の骨格ができあがります（図 7-4）。この炭素骨格に水素を付加すると，ネオペンタンまたは **2, 2-ジメチルプロパン**[注4] とよばれる分子ができあがります。このように，分子式 C_5H_{12} に対応する構造式は 3 種類描けます。分子式が同じであっても炭素原子のつながり方（主鎖の形）が違えば，名称が変わります。これらの 3 種類のペンタンの構造式は図 7-5 のように略記できます。構造式で最も簡略化された略記法は線を使って炭素骨格を描く方法です。この略記法ではそれぞれの直線部分の両末端に炭素原子が存在するという約束があります。水素は表記せず，炭素の 4 つの原子価のうち結合を形成していない原子価には水素が付加されているとみなします。

注3）2-メチルブタン
ブタンの 2 番目の炭素にメチル基が付加していることから，2-メチルブタンと名づけられます。

注4）2, 2-ジメチルプロパン
炭素が 3 つ並んだプロパンの 2 番目の炭素にメチル基が 2 つ付加していることから，2, 2-ジメチルプロパンと名づけられます。

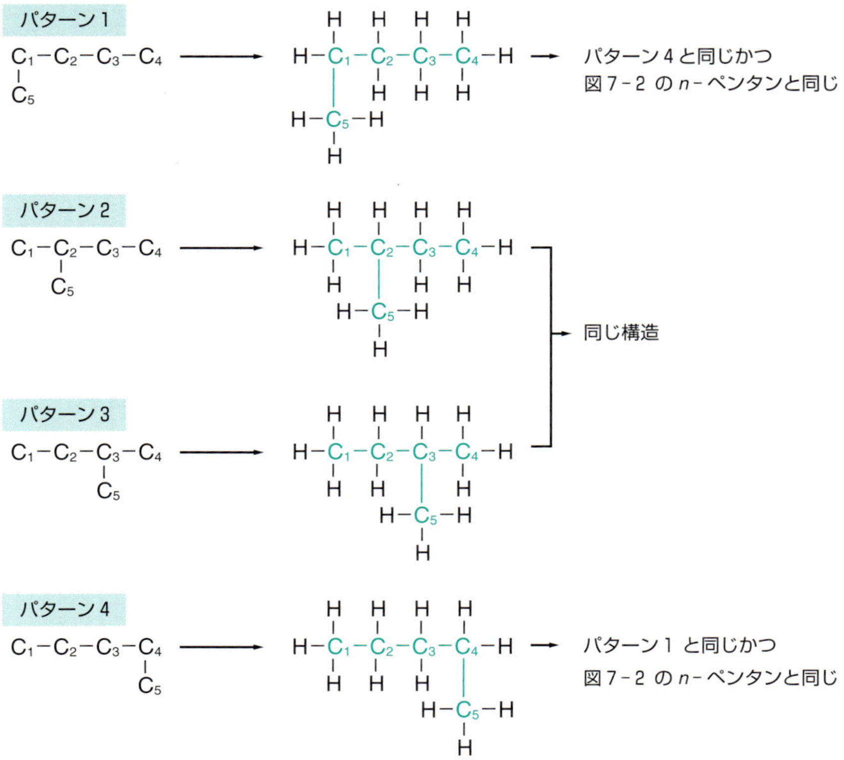

図 7-3　イソペンタンの構造式

2. 有機化学の定義と基本

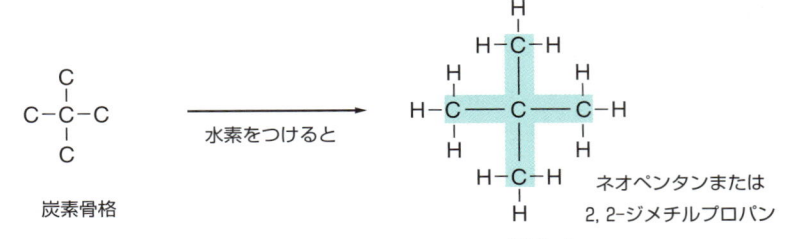

図7-4　ネオペンタンの構造式

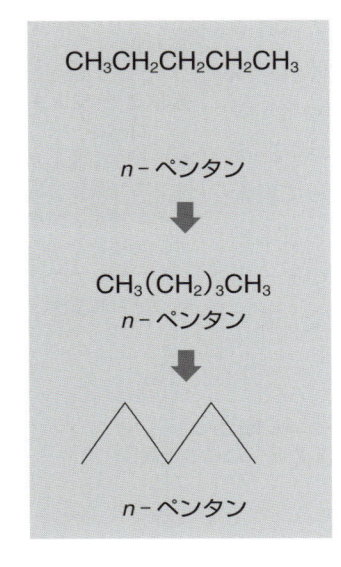

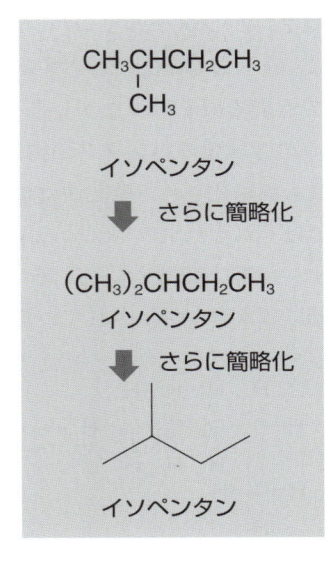

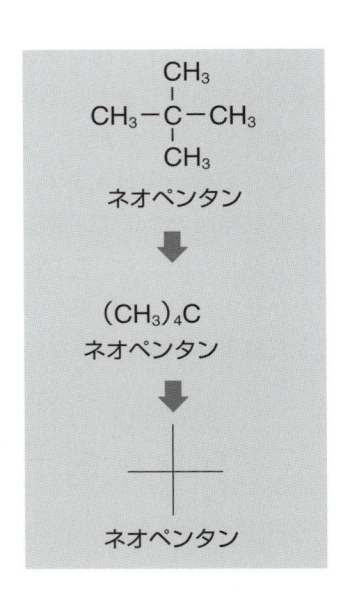

図7-5　ペンタンの簡略化した構造式

> **確認問題1**
> 次の各化合物について構造式を書きなさい。
> CH_5N　　CH_4O　　CH_3Cl　　CH_3CH_2OH　　CH_2O

2　有機化合物の分類

有機化合物は図7-6のように大きく分類されます。炭素骨格の形状，結合のようす，構成する原子の種類などで分けます。

3　官能基にもとづく分類

類似の化学的挙動を示す原子群を**官能基**といいます。つまり同じ官能基をもつ異なる分子はよく似た化学的性質を示すということです。表7-2に主

第7章 有機の化学

```
                    ┌─ 飽和化合物
                    │   （炭素間の結合が一重結合のみ）
          ┌─ 非環式化合物 ─┤                    ┌─ 1 エチレン系（二重結合）
          │         │                    │
          │         └─ 不飽和化合物 ─────┼─ 2 アセチレン系（三重結合）
          │            （炭素間の結合が   │
          │             多重結合を含む）  └─ 3 複合系
有機化合物 ─┤
          │                    ┌─ 非芳香族化合物
          │         ┌─ 炭素環式化合物 ─┤                        ┌─ 単環式化合物
          │         │         └─ 芳香族化合物 ───────┤
          │         │            （ベンゼンを母体）    └─ 縮合環式化合物
          └─ 環式化合物 ─┤
                    │                    ┌─ 非芳香族化合物
                    └─ 複素環式化合物 ─┤                        ┌─ 単環式化合物
                       （炭素以外の原子  └─ 芳香族化合物 ───────┤
                        を環内に含む）                        └─ 縮合環式化合物
```

図7-6　有機化合物の分類

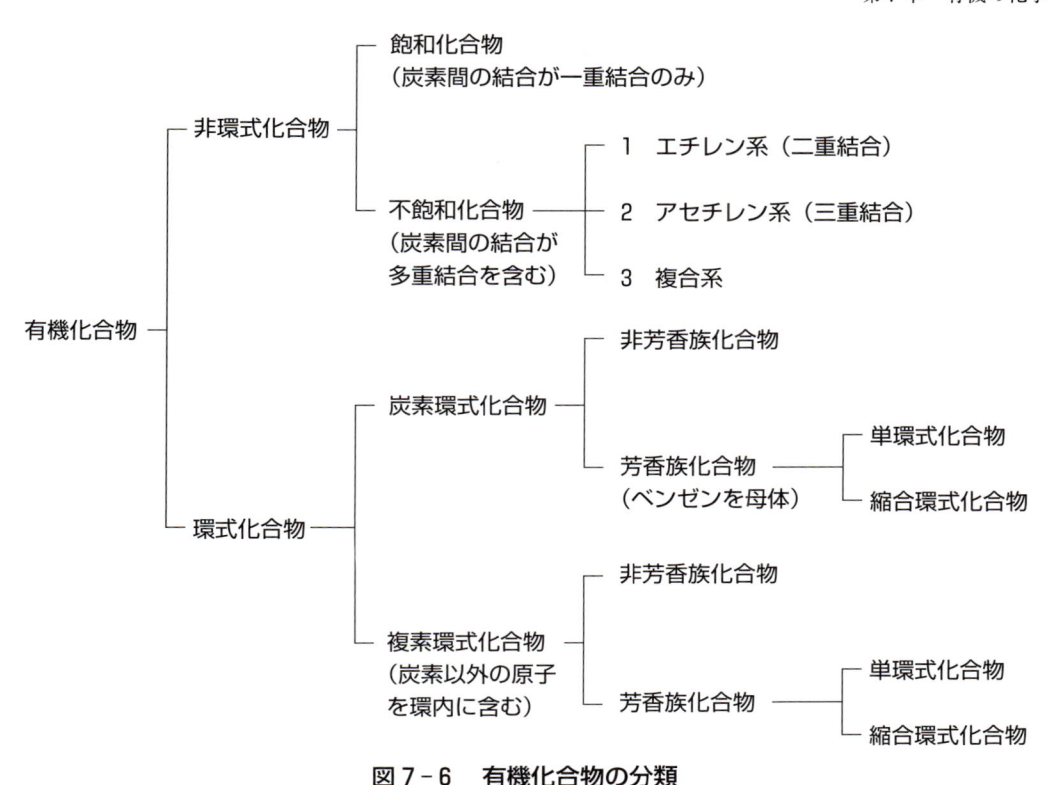

要な官能基をまとめました。官能基は有機物質の性質の分類や，初めてみる物質の性質を判断するためにたいせつです。

確認問題2

次の天然物にはどのような官能基が含まれているか，構造式を調べて答えなさい。

(a) リモネン　　　(b) テストステロン　　(c) アスパラギン酸
(d) アスパラギン　(e) α-トコフェロール

2. 有機化学の定義と基本

表7-2　主要な官能基

	構造	分類	性質および用途の例
分子骨格の一部となっている官能基	$>C=C<$	アルケン	酸化されやすい。 油脂
	$-C\equiv C-$	アルキン	付加反応を受けやすい。
酸素を含む官能基	$-\overset{\mid}{\underset{\mid}{C}}-OH$	アルコール（水酸基）	電気的陰性のO原子により極性を有し，親水性である。 酒類のアルコール
	$-\overset{\mid}{\underset{\mid}{C}}-O-\overset{\mid}{\underset{\mid}{C}}-$	エーテル（エーテル基）	ルイス塩基性を示し，水素結合を形成するので水と若干混和する。 麻酔剤
	$-\overset{O}{\underset{}{\overset{\|}{C}}}-H$	アルデヒド（アルデヒド基）	カルボニル基を含むので，電気的陰性のO原子により極性を有し，かつ親水性である。 生物標本の保存剤
	$-\overset{\mid}{\underset{\mid}{C}}-\overset{O}{\underset{}{\overset{\|}{C}}}-\overset{\mid}{\underset{\mid}{C}}-$	ケトン（ケトン基）	アルデヒドと同様の性質を示す。 ゴム用接着剤の溶剤
	$-C\overset{O}{\underset{OH}{\diagdown}}$	カルボン酸（カルボキシ基）	親水性を示す。共鳴構造をとる。 水素イオンを放出し，負電荷を帯びる。 アミノ酸
	$-C\overset{O}{\underset{O-\overset{\mid}{\underset{\mid}{C}}-}{\diagdown}}$	エステル（エステル基）	加水分解を受けやすい。アミンと反応してアミド結合をつくる。 油脂
窒素を含む官能基	$-\overset{\mid}{\underset{\mid}{C}}-NH_2$	第一級アミン（アミノ基）	塩基としてふるまい，水素イオンと結合し正電荷を帯びる。 アミノ酸
	$-C\equiv N$	シアニドまたはニトリル（シアノ基またはニトリル基）	反応性が高い。 アミノ酸合成における中間体
	$-\overset{O}{\underset{}{\overset{\|}{C}}}-NH_2$	第一級アミド（アミド基）	水素結合を形成する。 タンパク質，尿素
硫黄を含む官能基	$-\overset{\mid}{\underset{\mid}{C}}-SH$	チオール（スルフヒドリル基）	親水性である。タンパク質内ではスルフヒドリル基どうしが結合し，ジスルフィド結合を形成する。
	$-\overset{\mid}{\underset{\mid}{C}}-S-\overset{\mid}{\underset{\mid}{C}}-$	チオエーテル（チオエーテル基）	臭気がある。酸化されやすい。 ニンニク臭

3 アルカン，アルケン，アルキン

　炭素と水素だけで構成されている物質を**炭化水素**といいます。炭化水素は**飽和炭化水素**，**不飽和炭化水素**および**芳香族炭化水素**の3種類に分類されます。この分類法は炭化水素中に存在する炭素-炭素結合の種類にもとづいています。つまり，飽和炭化水素は**単結合のみ**で形成され，不飽和炭化水素には**多重結合**（二重結合や三重結合）が含まれています。また，芳香族炭化水素（第4節参照）とは環状不飽和炭化水素の中でも構造的にベンゼンと関連した特定の種類のものをさします。この節では飽和炭化水素（**アルカン**），二重結合をもつ不飽和炭化水素（**アルケン**），三重結合をもつ不飽和炭化水素（**アルキン**）について説明します。

1 アルカン

　飽和炭化水素のうち，非環式のものを**アルカン**，環式のものを**シクロアルカン**といいます（図7-7）。非環式のアルカンの別名は**パラフィン**とよばれ，長鎖の飽和炭化水素混合物である固形パラフィンに由来しています。アルカンは一般式 C_nH_{2n+2}（n は分子中の炭素原子の数）で表せます（表7-3）。アルカンでは炭素数が1つ多いものと少ないものとで $-CH_2-$（**メチレン基**）の数が1つ異なるだけです。このような関係にある化合物群は**同族体**とよばれます。同族体どうしは化学的性質や物理的な性質が似ており，炭素原子数の増加に伴って少しずつ性質が変化します。たとえば，炭化水素鎖は炭素の数が多いほど強い**疎水性**[注5]を示します。

注5）疎水性
水に混ざりにくい性質

表7-3　最初の10種類のアルカンの名称と構造式

名称	炭素数（n）	分子式	構造式
メタン	1	CH_4	CH_4
エタン	2	C_2H_6	CH_3CH_3
プロパン	3	C_3H_8	$CH_3CH_2CH_3$
ブタン	4	C_4H_{10}	$CH_3CH_2CH_2CH_3$
ペンタン	5	C_5H_{12}	$CH_3(CH_2)_3CH_3$
ヘキサン	6	C_6H_{14}	$CH_3(CH_2)_4CH_3$
ヘプタン	7	C_7H_{16}	$CH_3(CH_2)_5CH_3$
オクタン	8	C_8H_{18}	$CH_3(CH_2)_6CH_3$
ノナン	9	C_9H_{20}	$CH_3(CH_2)_7CH_3$
デカン	10	$C_{10}H_{22}$	$CH_3(CH_2)_8CH_3$

3. アルカン，アルケン，アルキン

メタン　　エタン　　プロパン　　ブタン

アルカン

シクロプロパン　　シクロブタン　　シクロペンタン

シクロアルカン

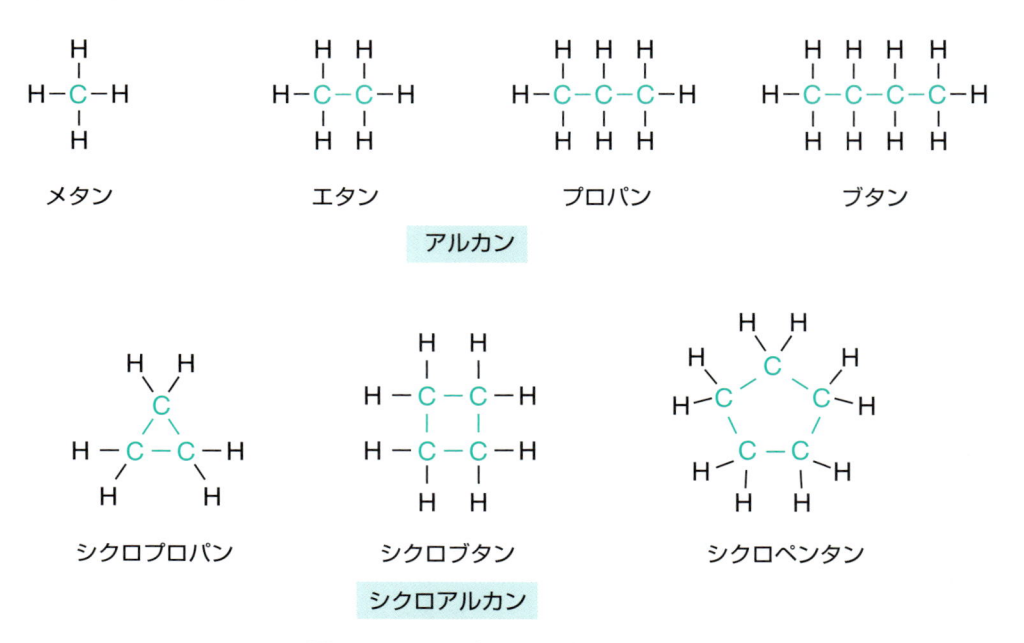

図7-7　アルカンとシクロアルカン

2 アルカンの命名法

有機化合物の命名は化合物の原料や由来をもとにつけられた**慣用名**と化合物を系統的に命名する方法によってつけられた**IUPAC**[注6]**名**があります。IUPAC名は系統的な命名なので，名称から構造を読み取ることができます。すべての化合物の規則を示すことはできませんが，化合物の名称に規則があることを知っておきましょう。覚えるのは大変なので，化合物に出会うたびに規則を意識して慣れてください。

注6) IUPAC
International Union of Pure and Applied Chemistry の略称でアイ・ユー・パックと発音します。

> **コラム　アルカンの命名法（IUPAC名）**
>
> アルカンに関するIUPACの規則は次のようになっています。
> 1. 非環式飽和炭化水素の一般名はアルカン（alkane）である。- ane という語尾をすべての飽和炭化水素に用います。
> 2. 枝分れ構造のないアルカンは炭素原子数に従って命名します（ただし，はじめの4つは慣用名を用います）。そこでは鎖の長さを示すのに**ギリシャ語の数**[注7]を接頭語として用います（表7-3参照）。
> 3. 枝分れ構造のあるアルカンの名称には，炭素原子が最も長く1本につながった炭素鎖のものを用います。
> 4. 主鎖に付加した基は**置換基**とよばれます。炭素と水素のみでできた

注7) ギリシャ語の数の接頭語
1：モノ，2：ジ，3：トリ，4：テトラ，5：ペンタ，6：ヘキサ，7：ヘプタ，8：オクタ，9：ノナ，10：デカ，20：[エ]イコサ，22：ドコサ，多くの：ポリ

飽和の置換基は**アルキル基**とよばれます。これらは同じ数の炭素原子でできたアルカンの語尾-ane をアルキルの語尾-yl にかえた名称をもちます。

5. 置換基は名称と番号でその種類と位置を示します。主鎖上の最初の置換基の位置番号ができるだけ小さくなるように，主鎖に番号をつけます。同じ置換基が2つ以上主鎖上にある場合には，ジ，トリ，テトラなどの接頭語が使われます。

　たとえば，2,3-ジメチルペンタンは炭素が5つの主鎖の2番目と3番目に，メチル基が合わせて，2つ付加されていることになります。

$$CH_3-\underset{1}{CH_3}-\underset{2}{CH}-\underset{3}{CH}-\underset{4}{CH_2}-\underset{5}{CH_3}$$

（CH₃ — メチル基）

2,3-ジメチルペンタンの構造式

6. IUPAC名を書くときには，ことばの区切り方に注意する必要があります。化合物名は1つの単語として書きます。位置番号が2つ以上続くときはコンマで区切り，番号と文字はハイフンでつなぎます。2つ以上の異なる置換基が存在する場合には置換記名のアルファベット順に並べますが，「ジ」，「トリ」などのような接頭語は並べる順位に関係しません。順位が最後になった置換基は主鎖アルカンに接頭語としてつなぎ，1つの単語とします。

３　アルキル基およびハロゲン置換基

　アルキル基は IUPAC 名の規則4（コラム参照）に示したように，アルカンの語尾をかえてつくられます。メタンはメチル，エタンはエチル，プロパンはプロピルのように変化します。アルキル基を示す一般的な記号として"R-"が使用されます。したがって，R-H はアルカンを表し，R-Cl は塩化アルキルを表します。ハロゲン置換基には，対応するハロゲン元素の語尾-ine を-o に変えた名称を用います。fluorine（フッ素）は fluoro（フルオロ），chlorine（塩素）は chloro（クロロ），bromine（臭素）は bromo（ブロモ），iodine（ヨウ素）は iodo（ヨード）となります。ハロゲンの置換は食品中の脂質の不飽和度を測定するヨウ素価を学ぶさいに必要となります。

４　アルカンの物理的性質

　アルカンは水に不溶で，水よりも密度が小さいので水に浮きます。この性質はアルカンが無極性だからです。また，アルカンは同じような分子量を

◆ 3. アルカン，アルケン，アルキン

もった他のたいていの有機化合物と比較して，沸点が低くなります。その理由は非極性分子間の求引力が弱く，分子を互いに引き離すのに比較的小さなエネルギーしか必要としないからです。また，分子の表面積が大きくなると分子間の求引力は大きくなるので，沸点は分子鎖が長くなるにつれて上昇し，分子鎖が枝分れして分子の形が球形に近くなると低下します。

このように分子の形は分子の性質に影響を与えます。そこで，分子構造の細部についても知っておく必要があります。単純なアルカンであるエタンを例に立体配座をみてみます（図7-8）。エタンの炭素原子間の結合は単結合なので，1つの炭素に対して残りの炭素の結合を軸に回転させることができます。その回転の程度に応じて無限個の構造が考えられます。図7-8はニューマン投影図[注8]で表しています。ねじれ形と重なり形は互いに相互変換できるので，回転異性体とよぶことができます。しかし，この2つの形は同じ安定性をもっているわけではなく，ねじれ形がはるかに優勢です（常温で99％以上の存在率）。

注8) ニューマン投影図
炭素−炭素結合の軸を手前から眺め，手前の炭素上にある結合は円の中心まで延して描き，奥の炭素上にある結合は円の縁まで描いて止める表記で，立体配座を表現する方法。

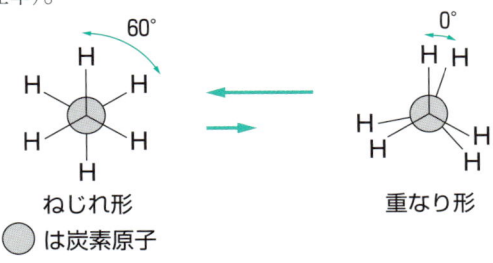

図7-8　エタンの立体配座

確認問題3　ねじれ形と重なり形の存在比はねじれ形が多い理由について説明しなさい。

5 シクロアルカン

シクロアルカンは環状の炭化水素であり，環を構成する炭素原子数に対応したアルカン名の前にシクロという接頭語をつけて命名します（図7-7）。シクロアルカンは一般式 C_nH_{2n} で表されます。

6 アルケンとアルキン

炭素間結合に二重結合を含む炭化水素を**アルケン**，三重結合を含む炭化水素を**アルキン**とよびます。これらを一般式で書くと，アルケンは C_nH_{2n}，アルキンは C_nH_{2n-2} となります。アルケンとアルキンは**不飽和**であるといわれますが，その理由はアルカンに比べて炭素数に対する水素数が少ないからで

$$\underset{\text{アルケン}}{\text{R–CH=CH–R}} \xrightarrow{\text{H}_2} \underset{\text{アルカン}}{\text{R–CH}_2\text{–CH}_2\text{–R}} \xleftarrow{2\text{H}_2} \underset{\text{アルキン}}{\text{R–C≡C–R}}$$

図7-9　アルケンおよびアルキンの水素付加反応

す。つまり，1モルのアルケンまたはアルキンに水素を1モルまたは2モル付加させることができるのです（図7-9）。また，二重結合あるいは三重結合を2つ以上もつ化合物も知られています。2つの二重結合をもつ化合物はアルカジエン，一般に**ジエン**とよばれます。トリエン（3つ），テトラエン（4つ），そしてポリエン（多数）といった名称でよばれています。

7　アルケンとアルキンの構造

　アルケンでは，二重結合している炭素原子に結合している4つの原子が同一平面上に位置します（図7-10）。一方，アルキンは三重結合している炭素原子に結合している原子が炭素原子と直線関係となります（図7-10）。これらの構造は多重結合の結合まわりの回転が束縛されていることで生じます。また，多重結合の分子では付加反応（図7-11）が起こりやすいという特徴があります。

アルケン　　　　　　　　　　　　　　　　　　アルキン　R–C≡C–R

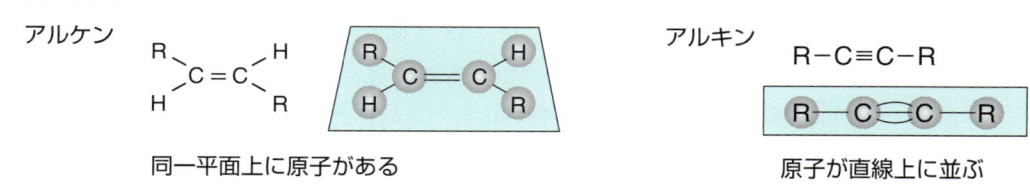

同一平面上に原子がある　　　　　　　　　　　原子が直線上に並ぶ

図7-10　アルケンおよびアルキンの構造

$$\text{CH}_3\text{CH=CHCH}_3 + \text{Cl}_2 \longrightarrow \text{CH}_3\text{–CH–CHCH}_3$$
$$\hspace{8em} | \quad | $$
$$\hspace{7em} \text{Cl} \quad \text{Cl}$$

ハロゲンの付加反応

$$\text{CH}_3\text{CH=CHCH}_3 + \text{H}_2 \longrightarrow \text{CH}_3\text{CH}_2\text{CH}_2\text{CH}_3$$

水素の付加反応

$$\text{CH}_2\text{=CH}_2 + \text{H}_2\text{O} \longrightarrow \text{CH}_3\text{–CH}_2$$
$$\hspace{9em} |$$
$$\hspace{9em} \text{OH}$$

水の付加反応

図7-11　付加反応

8 アルケンのシス−トランス(*cis* − *trans*)異性体

シス形　　　トランス形

図7-13　アルケンのシス-トランス異性体

炭素間の二重結合で回転が束縛されることで，置換基をもつアルケンでは**シス（*cis*）−トランス（*trans*）異性体**が存在します（図7-12）。この異性体は，特に脂肪酸の構造を学ぶうえで重要となります。

4 芳香族化合物：ベンゼン

注9）**芳香族化合物**
芳香族化合物の名前の由来は芳香（アロマ）を有するということよりも，その特色ある化学的性質を表すためにつけられました。

芳香族化合物[注9]は，昔から香味料や薬草類は神秘性を帯びた食材としてさまざまな場面で使用されています。天然物の中に含まれる芳香や香味のもととなる物質を単離して構造を決定すれば，それらを大量かつ安価に合成できるという魅力がありました。似た機能をもつ物質は共通の構造単位をもつ可能性が高くなることが知られています。そのような比較的単純な共通した構造単位の1つに**ベンゼン環構造**（C_6H_5-）があります。

ベンゼンの構造は6個の炭素が環状に配列（**六員環**）し，各炭素に水素が1個ずつ結合しています（図7-13）。図をみてわかるように，不飽和な構造（二重結合）をもっています。平衡図で表したように，ベンゼンでは六員環を形成している炭素原子間の結合が単結合と二重結合で交互にすばやく入れ換わります（**共役二重結合**[注10]）。共役二重結合は不飽和な構造ですが，付加反応を示しにくいという性質をもちます。これらの特徴を表現するために，六角形の内側に円を書き込んだ構造で結合の非局在化を表すこともあります（図7-13）。

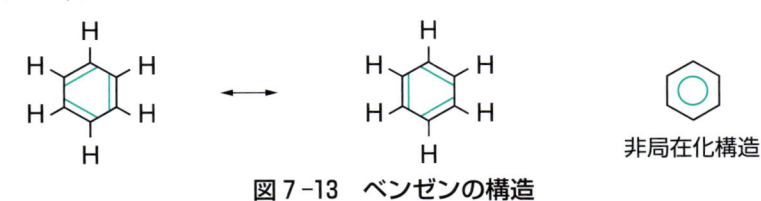

注10）**共役二重結合**
二重結合と単結合が交互に配置されている状態を共役といいます。この状態では二重結合と単結合がすばやく入れ換わることができます。

非局在化構造

図7-13　ベンゼンの構造

注11）**オルト（*o*-），メタ（*m*-），パラ（*p*-）**
アルファベットで記述するときは斜体（イタリック体）で表現します。

また，ベンゼンの水素が置換され，さまざまな芳香族化合物が生じます。歴史的に慣用名が通用するものは現在でも慣用名がよく用いられる一方で，多くのベンゼン誘導体が系統的に命名されています。また，置換基が2つ存在すると3つの異性体構造が描けることになります。それぞれ，**オルト**（*o*-），**メタ**（*m*-），**パラ**（*p*-）[注11]という接頭語をつけて表します。置換基が3つ以上のときは環炭素に番号をつけて表します（図7-14）。

第7章 有機の化学

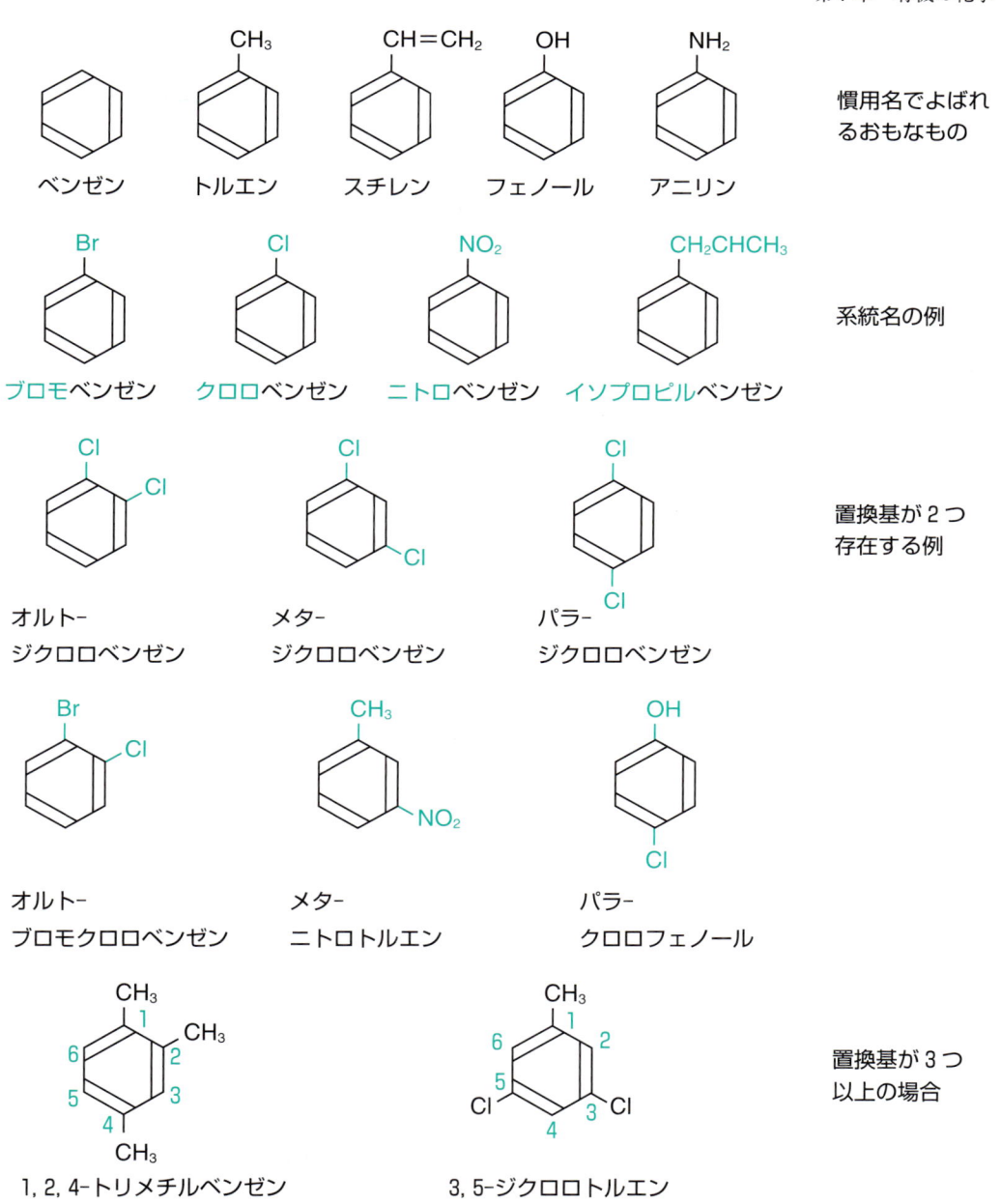

ベンゼン　トルエン　スチレン　フェノール　アニリン	慣用名でよばれるおもなもの
ブロモベンゼン　クロロベンゼン　ニトロベンゼン　イソプロピルベンゼン	系統名の例
オルト-ジクロロベンゼン　メタ-ジクロロベンゼン　パラ-ジクロロベンゼン	置換基が2つ存在する例
オルト-ブロモクロロベンゼン　メタ-ニトロトルエン　パラ-クロロフェノール	
1,2,4-トリメチルベンゼン　3,5-ジクロロトルエン	置換基が3つ以上の場合

図7-14 芳香族化合物の命名法

5 アルコール，フェノール，チオール

　アルコールは一般に化学式 R−OH で示され，その構造は水に似ています（図7-15）。アルコールの官能基は水酸基（ヒドロキシ基：−OH）です。フェノールもアルコールと同じ官能基をもっており，水酸基が芳香族環に直接結合しています。チオールはアルコールやフェノールと類似した構造をもちますが，水酸基の酸素原子が硫黄原子で置き換わった構造をもちます。この官能基をスルフヒドリル基とよびます。アルコール，フェノール，チオールなどの化合物は天然物中にふつうに存在します。

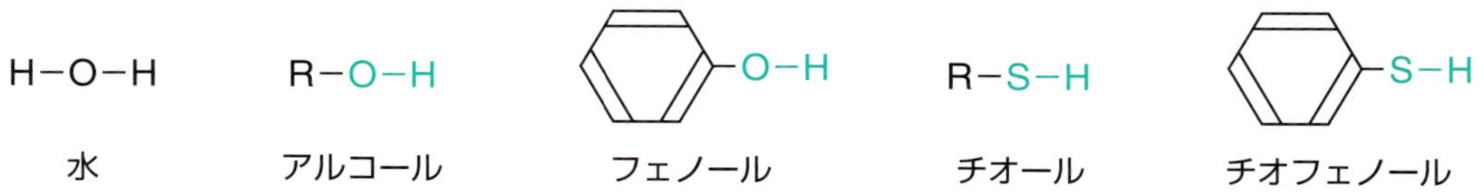

H−O−H　　R−O−H　　⬡−O−H　　R−S−H　　⬡−S−H
　水　　　　アルコール　　フェノール　　　チオール　　チオフェノール

図7-15　アルコール，フェノール，チオールなどの構造

1 アルコール

　アルコールの IUPAC 命名法ではオールという接尾語で水酸基の存在を示します（図7-16）。また，水酸基が結合している炭素原子に，炭素置換基が結合する数によって，第一級・第二級・第三級アルコールとよびます（図7-17）。アルコールは高い沸点をもつという特徴を示します。この理由はアルコール分子どうしが水素結合を形成するからです。また，2つの水酸基をもつ化合物のことをグリコールといいます。水酸基を3つ以上もった化合物も知られており，グリセリン（グリセロールともいう）やソルビトールなどは糖や脂質の構成成分でもあります。

CH₄ メタン	CH₃–OH メタノール	
CH₃CH₃ エタン	CH₃CH₂–OH エタノール	

CH₃CH₂CH₃
プロパン
	3 2 1
	CH₃CH₂CH₂–OH
	1-プロパノール
		1 2 3
		CH₃CHCH₃
		   |
		  OH
		2-プロパノール

CH₃CH₂CH₂CH₃
ブタン
	CH₃CH₂CH₂CH₂–OH
	1-ブタノール
		CH₃CHCH₂CH₃
		   |
		  OH
		2-ブタノール

図 7-16　アルコールの名称

R–CH₂OH　　　　R–CHOH（R）　　　　R–C(R)(R)–OH

第一級アルコール　　第二級アルコール　　第三級アルコール

図 7-17　アルコールの分類

② フェノール

　フェノールはベンゼンのところで説明した法則に従って，フェノールを母体と考えた化合物の誘導体として命名されます。歴史的に古くから知られている化合物が多く，慣用名で示されることが多い化合物です。ビタミンE（α-トコフェロール）は天然物中に存在するフェノール類の1つです（図7-18）。その特徴をいかし，**ラジカル捕そく剤**[注12]や**酸化防止剤**[注13]として機能します。

第7章　有機の化学

注12）ラジカル捕そく剤
捕そく剤とは連鎖反応や分解反応を停止するために，その原因となるものを捕まえる化学物質のことです。ラジカルは不対電子をもつ原子，分子，あるいはイオンのことです。ラジカルは通常，反応性が高いため，連鎖反応や分解反応を引き起こします。ラジカル捕そく剤はラジカルによって起こる連鎖反応や分解反応を防ぐために添加される化学物質です。

注13）酸化防止剤
化合物の酸化を抑制するために添加される抗酸化物質です。多くの食品にとって酸化は劣化と等しくなります。食品添加物として食品に加えられた場合は食品衛生法の定めに応じて「酸化防止剤」と表示されます。ビタミンE（α-トコフェロール）のほかに，ビタミンC（アスコルビン酸），BHT（ジブチルヒドロキシトルエン），BHA（ブチルヒドロキシアニソール），エリソルビン酸ナトリウム，亜硫酸ナトリウム，二酸化硫黄，コーヒー豆抽出物（クロロゲン酸），緑茶抽出物（カテキン）などがあります。

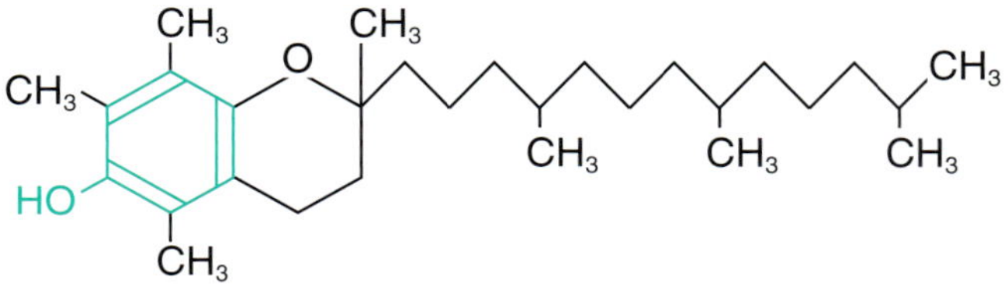

6. エーテル，スルフィド

注14）ジスルフィド
R−SH（チオール）が酸化してR−S−S−R（ジスルフィド）を形成します。ジスルフィドは還元によってチオールに戻ります。タンパク質中ではシステインが側鎖にチオールをもっており，酸化することでシステインどうしがジスルフィド結合を形成します。ジスルフィド結合は共有結合であり，タンパク質の安定化に寄与します。システイン分子どうしがジスルフィド結合を形成した分子をシスチンといいます。

図7-18　ビタミンE

3　チオール

周期表をみると硫黄は酸素のちょうど真下にあります（第1章参照）。周期表の族が同じ原子は似たような性質をもつことから，硫黄は有機化合物の構造中で酸素にとってかわることがあります。スカンクの悪臭や腐卵臭はチオールの特徴である強烈な不快臭に由来します。硫黄原子は酸素原子よりも大きい原子核と小さい電気陰性度をもち，水素結合能力が弱いために，チオールはアルコールと比べると沸点が低く水に溶けにくい性質を示します。また，穏和な酸化剤により酸化されやすく，ジスルフィド注14)を生成します。ジスルフィドは還元剤の作用で，元のチオールに戻ります（図7-19）。

$$2R-S-H \underset{還元}{\overset{酸化}{\rightleftarrows}} R-S-S-R$$
チオール　　　　　　ジスルフィド

図7-19　チオールの酸化還元反応

> **コラム　ジスルフィド結合**
>
> 毛髪パーマでは毛髪に含まれるケラチンというタンパク質のジスルフィド結合を還元剤で切断し，形をセットしたのちに酸化剤で新しいジスルフィド結合を形成することを利用しています。ジスルフィド結合は共有結合なので，強く結合しています。ですから，一度かけたパーマはなかなか形が崩れにくいのです。

6　エーテル，スルフィド

エーテルの一般構造式はR−O−R'と示され，RとR'は同じあるいは異なる種類の有機基となります。エーテルの酸素原子が硫黄原子に置き換わった構造がスルフィド（R−S−R'）です。

1　エーテル

エーテルは一般的に特有な芳香をもつ無色の化合物です。その沸点は同じ炭素数のアルコールに比べると低くなります。その理由は，エーテル分子の

間に水素結合が形成できないからです。エーテル分子どうしでは水素結合ができませんが，水酸基をもった化合物とエーテル分子の間では水素結合を形成できます。また，環状エーテルも数多く存在しています。

2 スルフィド

チオエーテルともいいます。たとえば，ニンニクやタマネギに含まれているジアリルスルフィド（図7-20）のように天然物中に存在し生理活性を示す化合物もあります。また，アセチル-CoAやアシル-CoAのようなエネルギー代謝に関係のある化合物にもチオエーテル構造が含まれており，生体において重要な役割を担っています。

$CH_2=CHCH_2-S-CH_2CH=CH_2$

図7-20　ジアリルスルフィドの構造

スルフィドは容易に酸化されてスルホキシドまたはスルホンになります（図7-21）。スルホキシドは皮膚に塗布すると急速に浸透拡散するので，リウマチなどの抗炎症剤として利用されています。

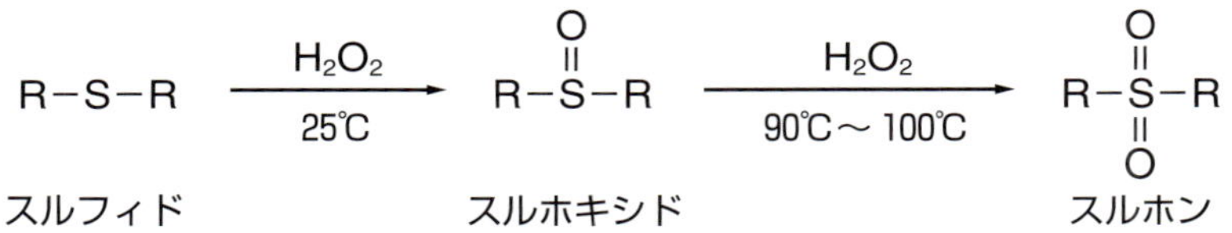

$$R-S-R \xrightarrow[25℃]{H_2O_2} R-\overset{O}{\underset{}{S}}-R \xrightarrow[90℃〜100℃]{H_2O_2} R-\overset{O}{\underset{O}{S}}-R$$

スルフィド　　　　　　スルホキシド　　　　　　スルホン

図7-21　スルフィドの酸化反応

7 アルデヒド，ケトン

カルボニル基，$>C=O$ は有機化学における最も重要な官能基であるといっても過言ではありません。カルボニル基はアルデヒド，ケトン，カルボン酸，エステルなどの化合物中に含まれています。ここではアルデヒドとケトンについて述べ，カルボン酸とエステルは次節で述べます。アルデヒドはカルボニル基に水素が少なくとも1つ結合した化合物であり，ケトンはカルボニル炭素原子に別の炭素原子が2つ結合している化合物の総称です（図7-22）。アルデヒドとケトンは天然物中に広く分布しており，その多くはそう快な香りと芳香を有しています。

アルデヒドやケトンは糖の構造においても重要な役割を担っています。鎖状の糖が環状を形成する反応は，同一糖分子内のアルコール（水酸基）とアルデヒドあるいはケトンが反応し，ヘミアセタール結合[注15]を形成することで環状になります（図7-23）。

注15）ヘミアセタール結合
同一炭素原子上にアルコールとエーテルの両官能基をもった構造をヘミアセタール結合といいます。

7. アルデヒド, ケトン

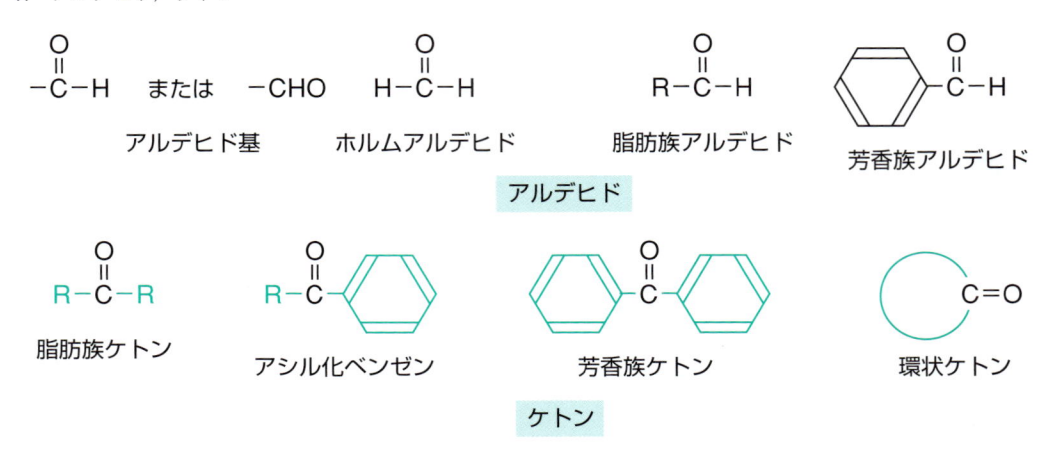

図7-22 アルデヒドとケトンの構造

図7-23 糖のヘミアセタール結合の形成

図7-24 アルデヒドの酸化

図7-25 アルデヒドとケトンの還元反応

アルデヒドを酸化すると同じ炭素原子数をもった**カルボン酸**になります（図7-24）。ケトンも酸化されますが，アルデヒドに比べると酸化されにくいという特徴があります。また，アルデヒドとケトンは容易に還元され，それぞれ第一級アルコールと第二級アルコールになります（図7-25）。この反応は水素の付加反応でもあります。

食品の調理・加工時に食品が褐色に着色することがあります。この現象を**褐変化**といい，この反応を褐変反応とよんでいます。褐変反応には，アミノ酸と糖の間で起こる反応があります。この反応の初期段階では，アミノ酸のアミノ基と糖のアルデヒド基が縮合し，**シッフ塩基**（－C＝N－）とよばれる構造を形成します（図7-26）。

多くのアルデヒドやケトンは単一物質としてではなく，**ケト形とエノール形**とよばれる2つの構造の平衡混合物として存在します（図7-27）。この2つの形ではプロトンと二重結合の位置が異なっています。このような構造の関係を**ケト-エノール互変異性体**とよびます。この平衡では**エノラートアニオン**という中間体を介します。ただし，アルデヒドとケトンの大部分はケト

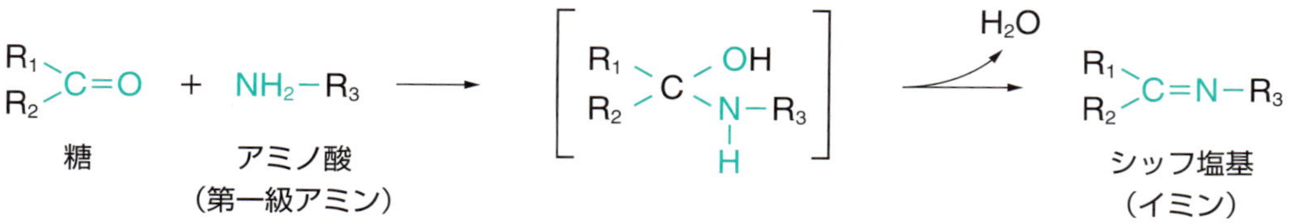

図7-26 シッフ塩基の形成

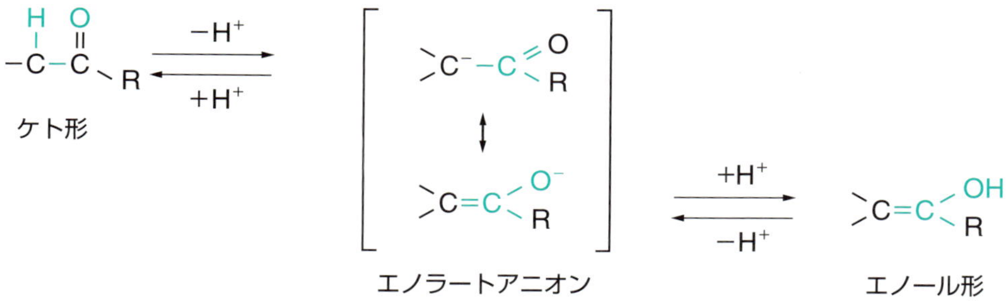

図7-27 ケト-エノール互変異性

形で存在しています。ケト形が安定であるおもな理由は、ケト形におけるC＝O結合とC－H結合のエネルギーの和がエノール形のC＝C結合とO－H結合のエネルギーの和より大きいからです。

8 カルボン酸とその誘導体

1 カルボン酸

　カルボン酸は有機酸の中で最も代表的な酸です。官能基は**カルボキシ基**[注16]であり、カルボニル基とヒドロキシ基の名称を合わせて縮めたものです（図7-28）。炭素原子数の少ないカルボン酸は不快な刺激臭をもつ無色の液体です。食酢には、酢酸が4～5％含まれ、食酢特有のにおいと風味を与えています。酪酸は腐敗したバターの不快臭のもとで、カプロン酸、カプリル酸などもあり、カプリン酸はヤギのようなにおいがすることから山羊酸とよばれます。構造式からわかるようにカルボン酸は極性をもつ化合物で、アルコールと同じようにカルボン酸の分子間や他の分子と水素結合を形成します（図7-29）。

注16）カルボキシ基とカルボキシル基

カルボキシ基とカルボキシル基は同一のものをさします。以前はカルボキシル基といっていたので、間違いではありません。しかし、IUPACではカルボキシと定義しており、新しく習う人はカルボキシ基で覚えるのが望ましいでしょう。

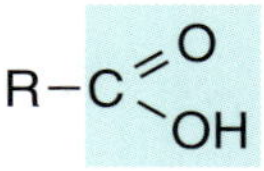

8. カルボン酸とその誘導体

R−C(=O)OH　　　RCOOH　　　RCO$_2$H

図7-28　カルボン酸の構造

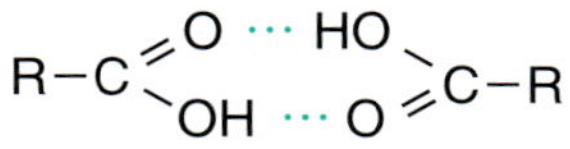

図7-29　カルボン酸間の水素結合

カルボン酸は水中で**カルボキシラートアニオン**と**ヒドロニウムイオン**に解離します（図7-30）。カルボキシラートアニオンは負電荷が共鳴によって非局在化します（図7-31）。また，塩基で中和されて塩を形成します（図7-32）。

カルボン酸はアルコールの酸化により生成することが知られています（図7-33）。この反応はお酒を飲んだときに，エタノールを酢酸に分解する反応と同じ反応です。ただし，生体内におけるエタノールの分解には酵素が関与しています。

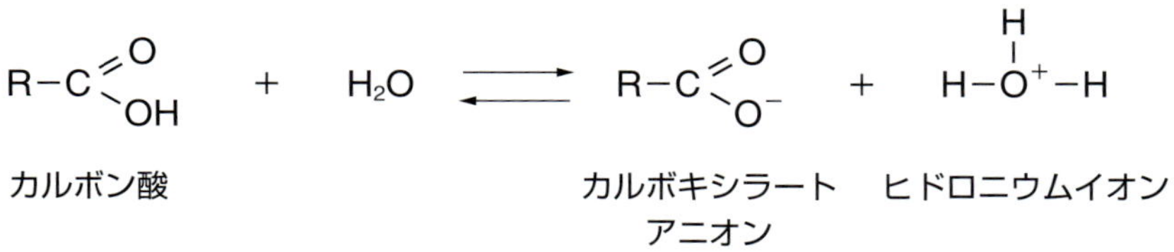

R−C(=O)OH　＋　H$_2$O　⇌　R−C(=O)O$^-$　＋　H−O$^+$(H)−H

カルボン酸　　　　　　　　　カルボキシラート　ヒドロニウムイオン
　　　　　　　　　　　　　　アニオン

図7-30　カルボキシラートアニオンの生成

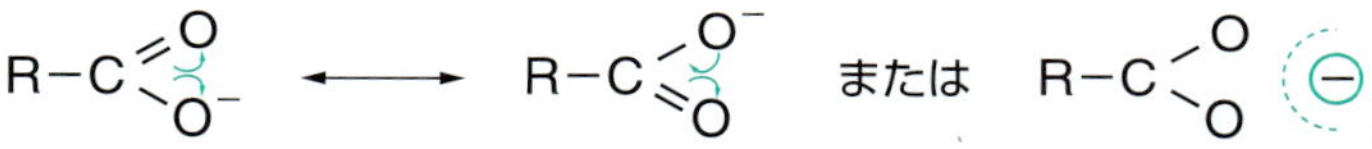

図7-31　カルボキシラートアニオンの共鳴

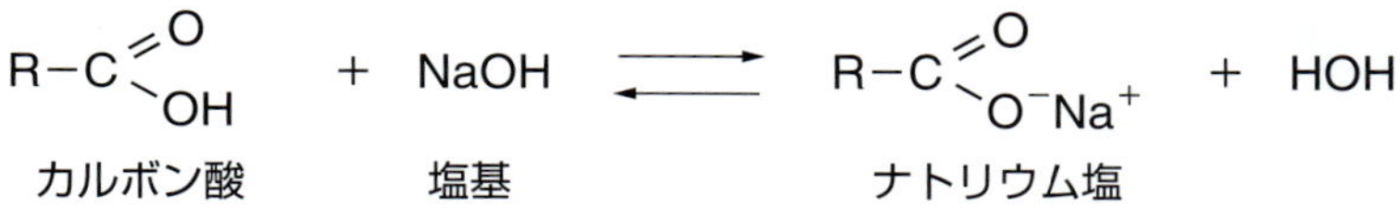

R−C(=O)OH　＋　NaOH　⇌　R−C(=O)O$^-$Na$^+$　＋　HOH

カルボン酸　　　塩基　　　　　　ナトリウム塩

図7-32　カルボン酸の中和

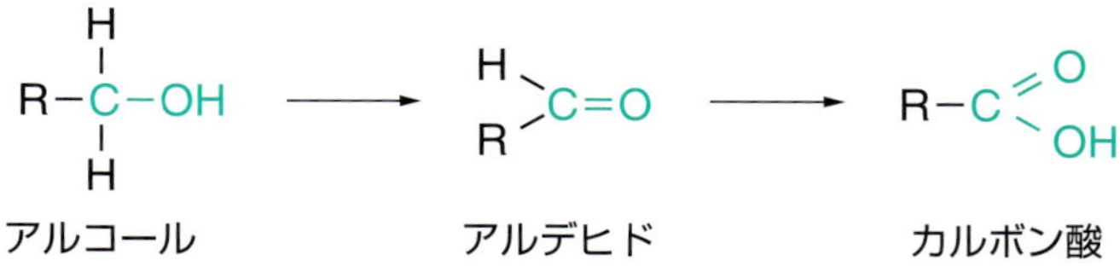

R−CH$_2$−OH　→　R−CH=O　→　R−C(=O)OH

アルコール　　　　アルデヒド　　　　カルボン酸

図7-33　アルコールの酸化

2　カルボン酸の誘導体

カルボン酸はカルボキシ基の水酸基部分をほかの置換基で置換することにより，さまざまな誘導体に変換されます（図7-34）。**エステル**はカルボン酸の水酸基を−OR基に置換した誘導体です。一般的によい香りのする物質が

多く，数多くの果実や花の香気のもとになっています。たとえば，バナナの酢酸ペンチル，オレンジの酢酸オクチル，パイナップルの酢酸エチル，アンズの酪酸ペンチルなどです。エステルはカルボン酸とアルコールの脱水縮合によって生成されます（図7-35）。また，アルカリを用いたエステルの加水分解は**けん化**とよばれます（図7-35）。第一級アミドは**アミド化**とよばれる反応で合成されます。アミド化はタンパク質のペプチド結合の形成，アスパラギン酸からアスパラギン（グルタミン酸からグルタミンも同じ）などの生合成でも起こります（図7-36）。ハロゲン化アシルのような酸ハロゲン化物はカルボン酸誘導体の中で最も反応性が高いものの1つです（図7-34）。酸無水物は2分子のカルボン酸どうしで脱水縮合により生じます（図7-34）。

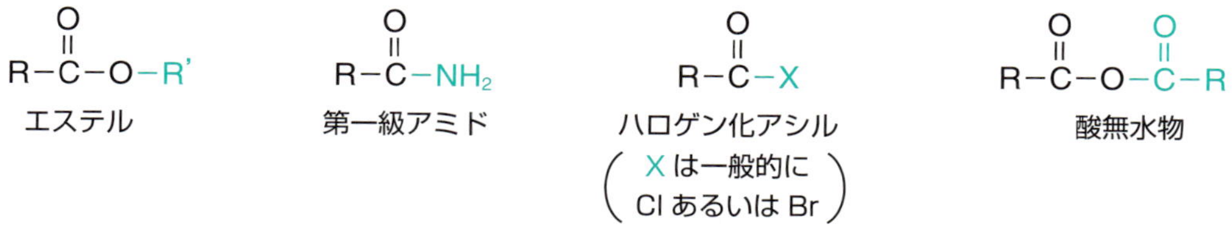

図7-34 おもなカルボン酸誘導体

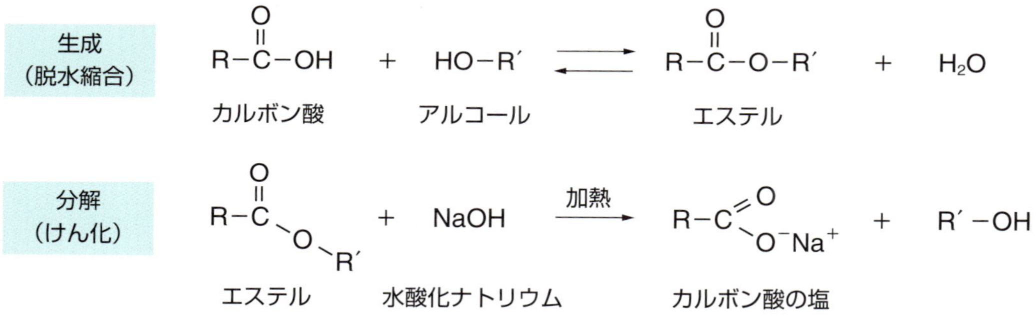

図7-35 エステルの生成と分解

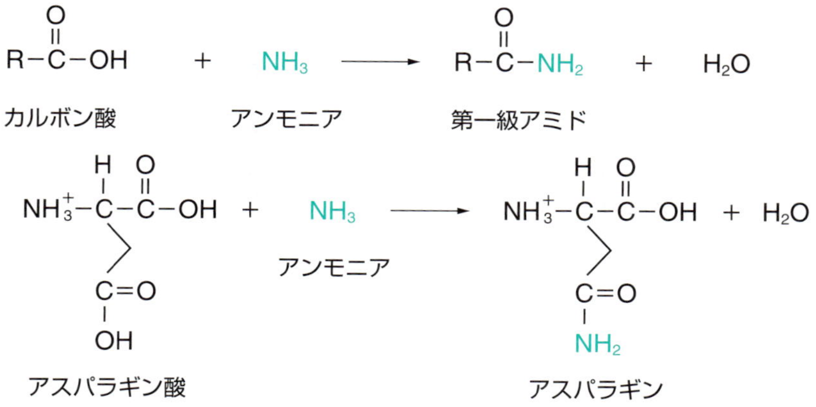

図7-36 アミド化

9 アミン

　アミンとはアンモニアの有機化合物誘導体です。アンモニアと同様にアミンは塩基であり，天然物中で最も一般的な有機塩基となります。アミンは窒素原子にいくつ有機基が結合しているかで，第一級・第二級・第三級アミンの3種類に分類されます（図7-37）。第二級または第三級アミンの中にはアミノ基の窒素原子が環状を構成している分子もあります。

　第一級アミンおよび第二級アミンでは分子間の N－H⋯N 水素結合を形成し，アルコール分子間の O－H⋯O 水素結合ほど強くはないが，物理的な影響をもちます。また，第一級から第三級アミンまですべてが水の OH 基と水素結合（O－H⋯N）やカルボニル基の酸素と水素結合（＝O⋯H－N）を形成します。これらの水素結合は生体物質間の相互作用に重要な役割を担っています。

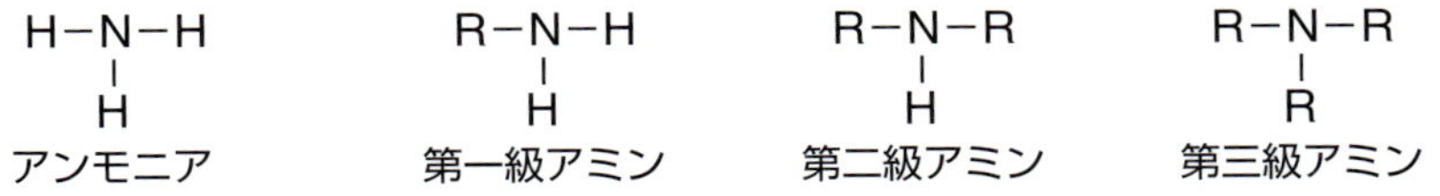

```
H-N-H        R-N-H        R-N-R        R-N-R
  |            |            |            |
  H            H            H            R
アンモニア   第一級アミン   第二級アミン   第三級アミン
```

図7-37　アミンの構造

10 立体異性体

　立体異性体とは分子を構成する原子間の結合様式はどれも同じであるが，空間的な原子配列が異なる2つ以上の化合物のことをいいます。立体異性体はその構造上の特徴に従って，互いに鏡像関係にあるもの（対掌体あるいは鏡像体：エナンチオマー）と鏡像関係にないもの（ジアステレオマー）の2つに分類できます。鏡像関係は右手と左手をイメージするとわかりやすくなります。右手を鏡に映すと左手のように見えます。しかし，右手と鏡に映った右手は決して重なることがない関係です。このような分子はキラルな分子とよばれます（図7-38）。キラルはギリシャ語の cheir（手）を語源としています。図中のCに位置する炭素原子がA，B，D，Eの4つの異なる置換基を結合しているとき，この炭素原子を不斉炭素とよびます。また，このような炭素原子をキラル中心ともよびます。エナンチオマーの関係にある分子はしばしば異なった生理活性を示すことがあります。また，鏡像関係にない異性体の例としてはシス-トランス異性体があげられます。シス-トランス異性体については，図7-12をみてください。

　鏡像異性体の関係にある分子（分子Aと分子B）に偏光[注17]を照射すると，

注17）偏光
光は進行方向に垂直に振幅する波です。自然光はあらゆる方向に振幅している光が混合しています。その振幅方向をかたよらせ，規則的な方向に振幅する光のことを偏光といいます。

偏光面が異なる向きに同じ角度（$\alpha°$）だけ旋光[注18]するという性質をもっています（図7-39）。この関係にある物質を1：1で混合した混合物に偏光を照射すると，互いに相殺され回転しません（$\alpha + (-\alpha) = 0$）。このような混合物をラセミ体といいます。このような鏡像異性体は光学的活性をもつことから光学異性体ともよばれます。

注18）旋光
直線偏光が，ある物質を通過したさいに回転する現象をいいます。

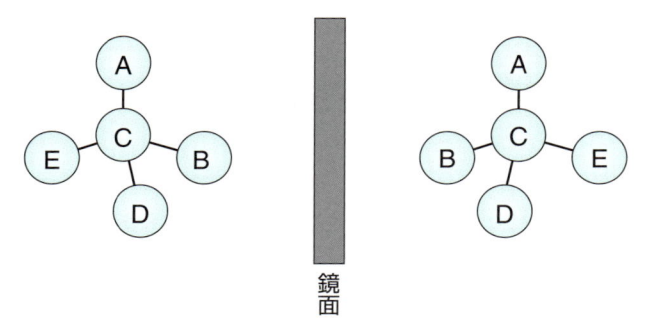

図7-38　キラル分子

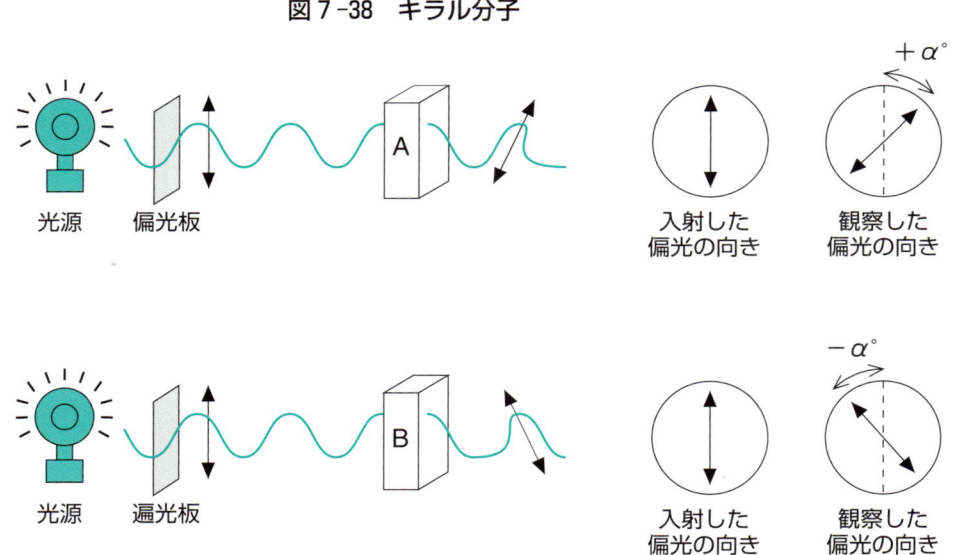

図7-39　旋光性

第8章　炭水化物（糖質）の化学

1 炭水化物の化学構造と性質

　三大栄養素の1つ糖質（glycoside）は「炭水化物（carbohydrate）」，「含水炭素」，あるいは単に「糖（sugar）」とよばれることもあります。糖質の化学は構造が他の有機物質と比較して複雑で多様性に富んでいるため，難解な物質の1つにあげられています。この節では糖質の基礎化学を理解するため，化学構造の表記法からはじめ，糖類の化学的性質を学習します。

1 化学構造の表し方

　糖質には単糖とよばれる基本単位となる物質があります。例として，D-グルコース（単糖）の化学構造をみてみると図8-1のようになります。D-グルコースには1個のアルデヒド基，5個の炭素鎖にそれぞれ1個ずつ，合計5個の水酸基が結合していることがわかります。したがって，D-グルコースなどの糖質は多価アルコール（polyalcohol）に分類されます。次に，これら水酸基が結合している5個の炭素原子に目を向けてみると，4個が不斉炭素（図中，「＊」で表示）であることがわかります。不斉炭素1個につき2種類（1対）の光学異性体が生じるため，グルコースには多くの異性体

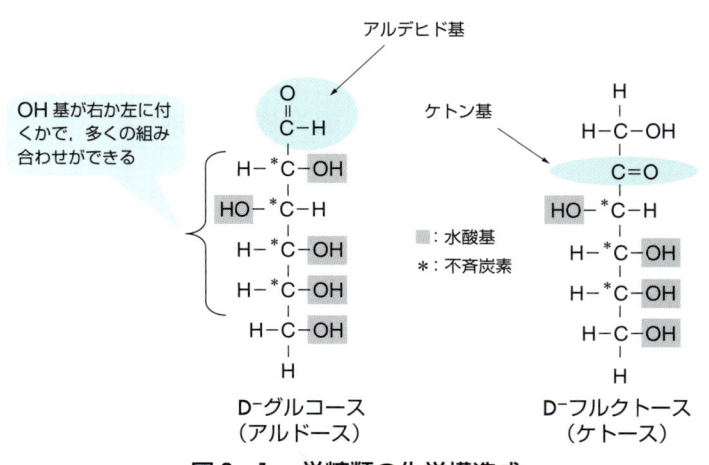

図8-1　単糖類の化学構造式

第 8 章　炭水化物（糖質）の化学

(2^4 = 16 種類）が存在することになります。つまり，このように多くの異性体が存在する糖質を化学構造式で表すさい，この水酸基の配置（向き）がたいへん重要になります。なお，1 個のアルデヒド基と 2 個以上の水酸基からなるこの種の単糖類を**アルドース**とよびます。

一方，アルデヒド基のかわりに，**ケトン基**をもつ単糖類をケトースとよび，その一例として，D-**フルクトース**（果糖）の化学構造式を図 8-1 にあわせて示しました。D-フルクトースも同様，複数個の不斉炭素（3 個）が存在するため，多くの光学異性体（2^3 = 8 種類）が存在することになります。なお，D-グルコース，D-フルクトースいずれも 6 個の炭素からできているため，**六炭糖**などと区分されています。（「第 2 節第 1 項　単糖類」参照）。

> **コラム**
>
> D-グルコース（glucose）の語源はギリシャ語の glykys（甘い）が由来で，おもにブドウの甘味成分であることからブドウ糖ともよばれます。グルコースは光学的な性質として右旋性（dextral：右巻き）の偏光を示すことよりデキストロース（dextrose）ともよばれ，白色の結晶（融点：83～86℃）で単離されます。

図 8-1 で示した D-グルコースは **Fischer 投影式**とよばれる方法で示しました。しかし，実際の構造をより正確に表すと，図 8-2 で示す環状の構造をしています。すなわち，D-グルコースのアルデヒド基は 5 番の炭素原子に結合している水酸基の間で**ヘミアセタール型**とよばれる構造で安定（平衡）化していることがわかっています。この構造を忠実に表す方法を **Haworth 透視式**とよび，広く利用されています。ここで注意する点は，Fischer 投影式で示したアルデヒド基の炭素原子は不斉炭素ではありません。しかし，Haworth 透視式で示したヘミアセタール構造の炭素原子は**不斉炭素**（アノマー炭素）となり，新たにできた水酸基（**アノマー水酸基**）の配置で，α

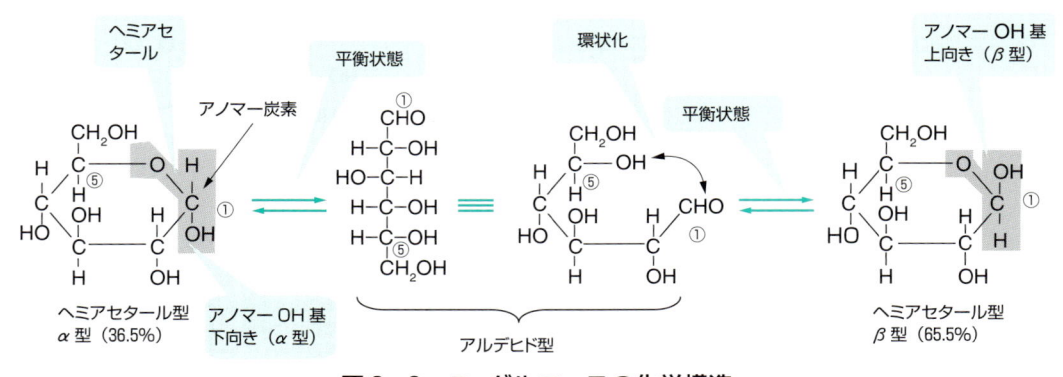

図 8-2　D-グルコースの化学構造

1. 炭水化物の化学構造と性質

型と β 型の 2 種類の光学異性体が加わります。この 2 対の異性体は，糖質の性質に大きな影響を与えるのでたいへん重要です。

加えて，D-フルクトースについては図 8-3 に示しました。この場合，ケトン基と 5 番目の炭素，または，6 番目の炭素上の水酸基の間で安定化（ヘミケタール型）し，それぞれ 5 員環（**フラノース型**）と 6 員環（**ピラノース型**）の 2 通りの構造があります（一般には 5 員環）。また，炭素 2 位でできたアノマー水酸基にも，D-グルコース同様，それぞれ α 異性体と β 異性体が存在します。

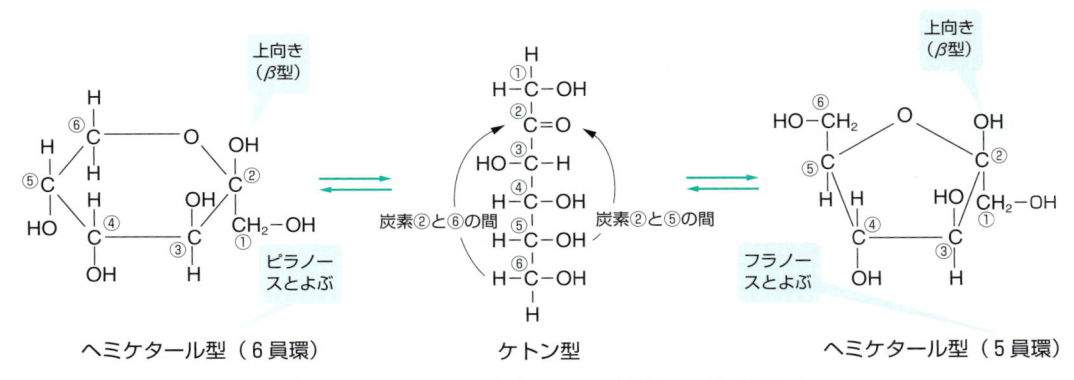

図 8-3 D-フルクトース（果糖）の化学構造

ヘミケタール型（6 員環） — ピラノースとよぶ／上向き（β型）／炭素②と⑥の間／ケトン型／炭素②と⑤の間／ヘミケタール型（5 員環） — フラノースとよぶ／上向き（β型）

> **コラム　糖質の化学**
>
> 実は糖質の構造は単純ですが，不斉炭素が分子内に多く存在するため，多くの類似する異性体が発生します。このことが理解を混乱させる要因となります。まず，不斉炭素－光学異性体の関係を化学構造と照らし合わせ理解することが重要です。

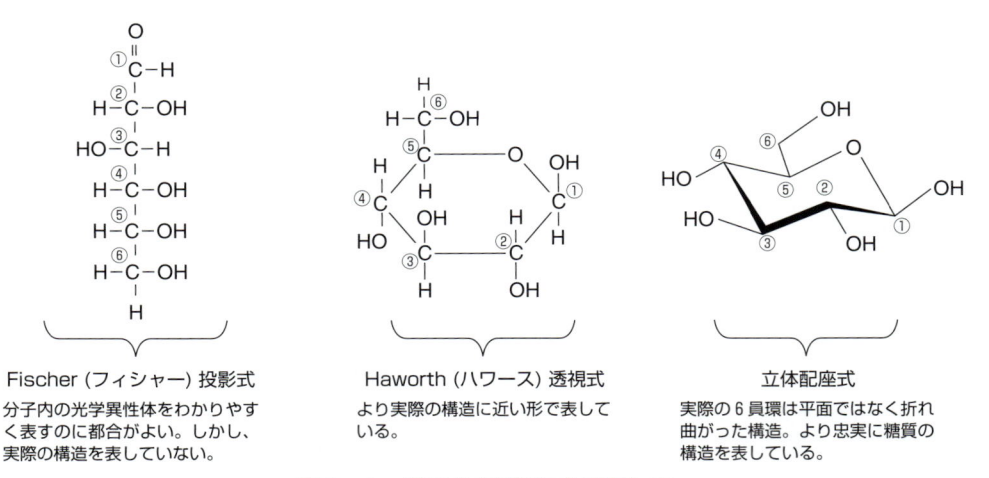

図 8-4 糖の化学構造式の表し方

- Fischer（フィッシャー）投影式：分子内の光学異性体をわかりやすく表すのに都合がよい。しかし，実際の構造を表していない。
- Haworth（ハワース）透視式：より実際の構造に近い形で表している。
- 立体配座式：実際の 6 員環は平面ではなく折れ曲がった構造。より忠実に糖質の構造を表している。

コラム

D-グルコースや単糖類の「D」（Dextro：右旋光性）は，Fischer 投影法で示したさい，アルデヒド基やケト基から最も離れた不斉炭素（図では下から2番目の炭素）についている水酸基の向きが右側に配位する異性体を表しています。一方，反対側に配位する場合は L（Levo：左旋光性）を付して L-グルコースと表します。ケトースの場合も同様に示します。

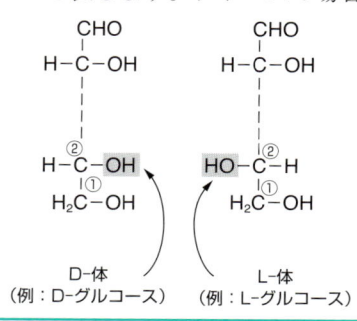

```
        CHO              CHO
      H-C-OH           H-C-OH
        |                |
        ┆                ┆
      ② |              ② |
      H-C-OH          HO-C-H
      ① |              ① |
      H₂C-OH          H₂C-OH

        D-体              L-体
    （例：D-グルコース）  （例：L-グルコース）
```

2　化学的性質

　単糖の分子内にはカルボニル基と水酸基が存在し，いずれも酸化されやすい。特に，アルデヒド基は酸化されやすいため，アルデヒド基を有するアルドースは**還元糖**（アノマー水酸基を有する糖質）とよばれます。一方，アノマー水酸基は他の水酸基と比較して反応性が高いため，アルコールの水酸基（フェノール性水酸基も含む）や別のアノマー水酸基と脱水・縮合（**グリコシデーション**）反応し，**配糖体**をつくります。たとえば，D-グルコース（還元糖）にベンジルアルコール（食品添加物：香料）を加えて脱水・縮合させるとベンジル β-D-グルコシド（配糖体）が得られます。その結果，アノマー水酸基がなくなり，この種の配糖体（糖質）を**非還元糖**とよびます（図 8-5）。

　加えて，フルクトースなどのケトースもアルドースと同様にアノマー水酸基が存在するため，還元糖になります。

1. 炭水化物の化学構造と性質

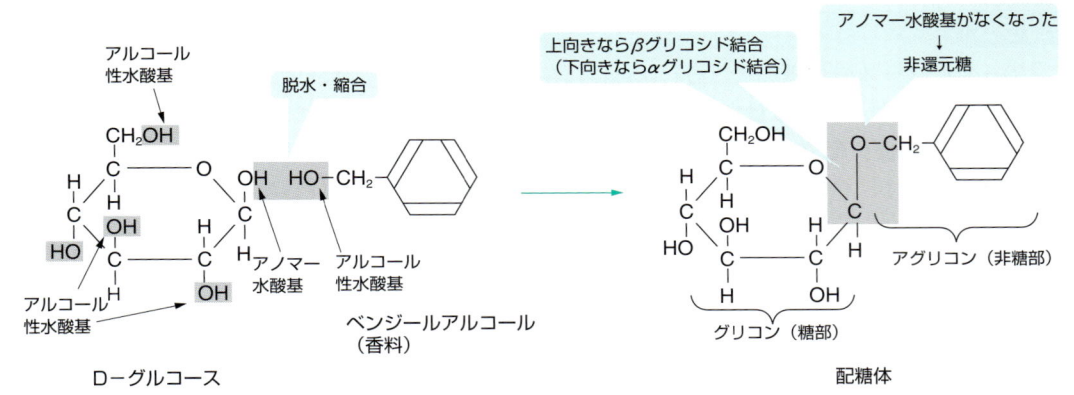

図8-5　D-グルコースとベンジルアルコールの縮合（グリコシデーション）反応

> **コラム**
>
> ケトン基はアルデヒド基と異なり酸化されません。では，なぜ，D-フルクトースは還元性（還元糖）を示すのでしょうか。ケトン基の隣の炭素に水酸基があると，1,2-エタンジオールを介してアルドースと平衡状態となります。この状態で酸化剤を加えると，アルドースと同じ還元性を示すことになります（下図参照）。

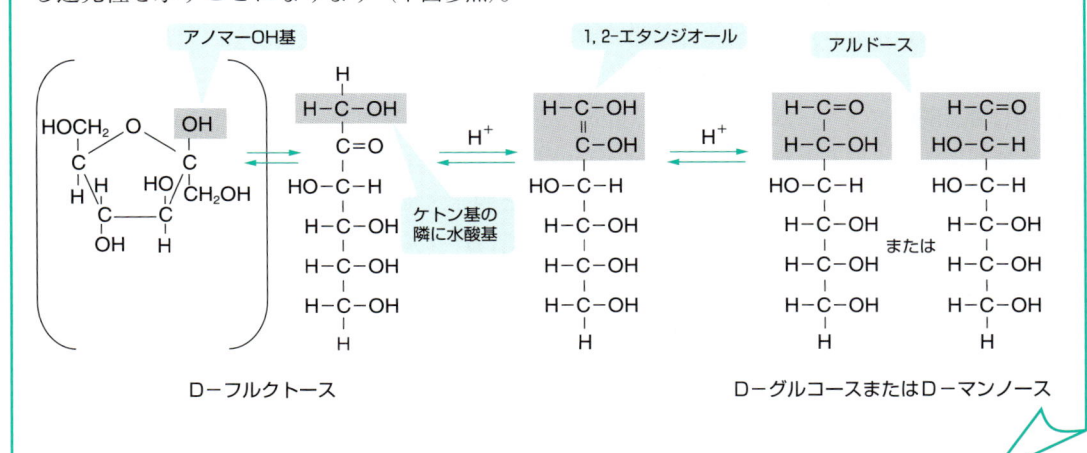

一方，還元糖のアノマー水酸基が別の還元糖のアノマー水酸基かそれ以外の水酸基で縮合反応するかで，生成する糖質（**オリゴ糖**とよぶ：図8-13参照）の還元性は異なります。区別する方法は，分子内のアノマー水酸基の存在の有無で容易に区別できます。D-グルコースを例に，図8-6に示しました。

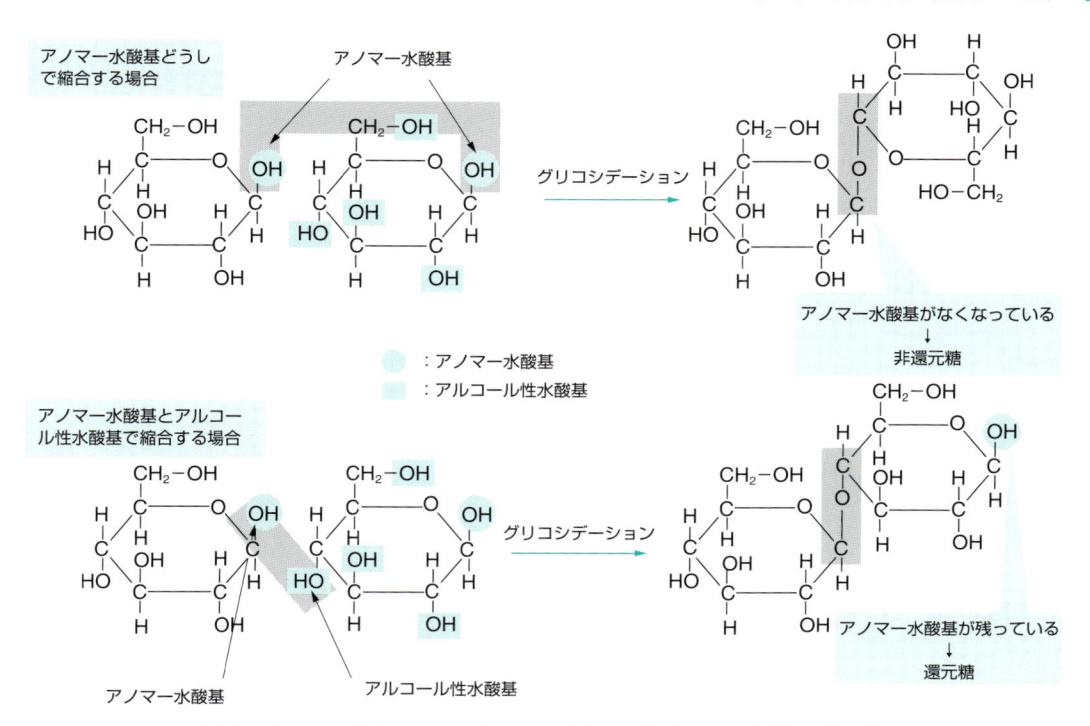

図8-6　D-グルコースどうしで脱水・縮合した糖質の還元性

2　炭水化物（糖質）の種類

　糖類にはさまざまな種類があります。この節では，知っておくと役立つ単糖類，および，その誘導体類，少糖類，多糖類について学習します。

1　単　糖　類

　単糖の分類は，(i)　炭素数（たとえば炭素数3（最少）のグリセルアルデヒドは三炭糖，グルコースの炭素数は6で，六炭糖とよぶ），(ii)　アルドースかケトース，および (iii)　D型かL型などを組み合わせて分類・命名されます。以下，D-グルコース（図8-2参照）を除くおもな単糖類を記します。

(1)　D-ガラクトース

　D-グルコース C-4位の水酸基が反転したアルドヘキソース（六炭糖）で，白色の結晶（融点　167℃）として単離されます。寒天やラクトース（乳糖：図8-18参照）の構成成分で，食物として体内に吸収された後，解糖系で直接は分解されないが，グルコースに代謝されエネルギー源として使われます。別途，体内で合成もされています（図8-7）。

2. 炭水化物（糖質）の種類

図8-7　D-ガラクトース

(2) D-マンノース

D-グルコース C-2 位の水酸基が反転した異性体で，アルドヘキソース（六炭糖）で，白色の結晶（融点 132℃）として単離されます。コンニャクに含まれるマンナン（多糖）の構成単位として存在しています。体内でも合成されるが，食物として消化管から吸収された後，ほとんど代謝されず腎臓から尿とともに排泄されます。食品添加物や医薬品などの賦形剤として利用されています（図8-8）。

図8-8　D-マンノース

(3) D-リボース

アルドペントース（五炭糖）で，白色の結晶（融点 87℃）として単離されます。遺伝子 RNA（リボ核酸）の構成成分で，C-2 位の水酸基が水素原子に置換した 2-デオキシ-D-リボースは，DNA の構成成分として有名な単糖です（図8-9）。

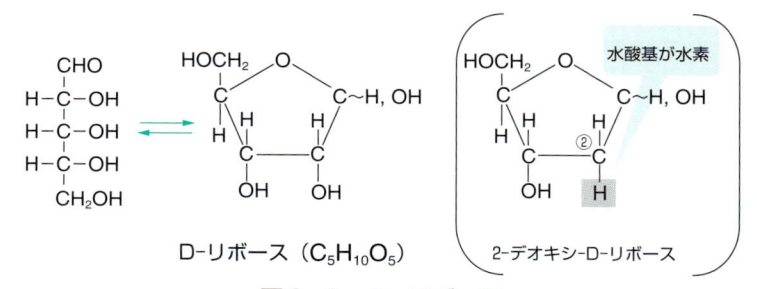

図8-9　D-リボース

(4) D-フルクトース（果糖）

ケトヘキソース（六炭糖）で，無色の結晶（融点 104℃）として単離されます。果物や糖蜜に多く含まれ，温度を低くすると甘味が増す特徴を有しています（図8-3参照）。

(5) L-アラビノース

自然界に存在するアラビノースはL型で，アルドペントース（五炭糖）で白色の結晶（融点 160℃）として単離されます。アラビアゴム，樹脂ガム質，天然植物の配糖体，細菌多糖類，緑藻などの構成単位として存在しています（図8-10）。

図8-10　L-アラビノース

2 単糖の誘導体類

単糖からさまざまな誘導体が化学的，酵素的に合成されています。D-グルコース（アルドヘキソース）を例に，代表的な糖誘導体類を図8-11にまとめて示しました。糖誘導体はおもにC-1位のアルデヒド基の酸化，または還元，C-6位の酸化，および，C-2位の水酸基がアミノ基で置換されます。

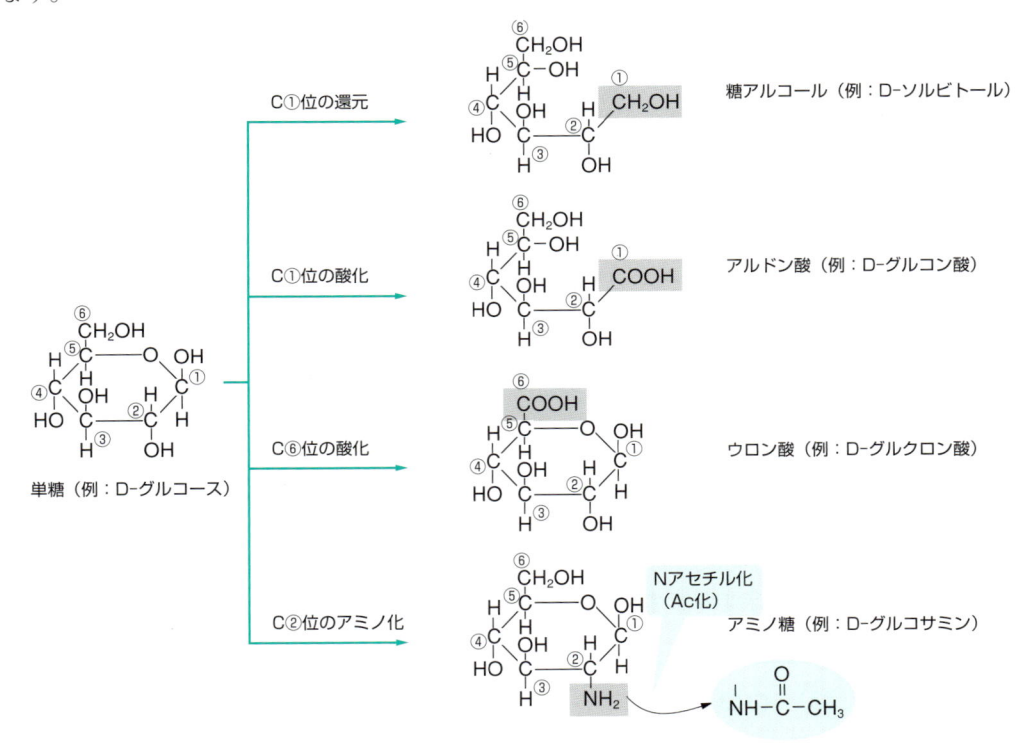

図8-11　単糖の誘導体類

(1) 糖アルコール

アルドースのアルデヒド基（C-1）を還元すると糖アルコールが得られます。たとえば，D-グルコースからD-**ソルビトール**（D-ソルビット，D-グルシトール），D-マンノースからD-**マンニトール**（マンニット），D-キシロースからD-**キシリトール**（キシリット）などが得られます。いずれも，食品添加物などで広く利用されています。

(2) アルドン酸

アルドースのアルデヒド基（C-1）はさまざまな酸化剤で容易に酸化されアルドン酸（カルボン酸）となります。たとえば，D-グルコースからはD

2. 炭水化物（糖質）の種類

-グルコン酸，D-ガラクトースからはD-ガラクトン酸が得られます。この酸化反応は還元糖の呈色反応に利用されます（図8-12）。たとえば，D-グルコースにアンモニア性硝酸銀を加えて酸化すると，硝酸銀は還元され銀を析出します（銀鏡反応）。また，同様にアルカリ性水酸化銅で酸化すると赤色の酸化銅が析出し，グルコースなどの還元糖類が可視的に検出できます（フェーリング反応）。

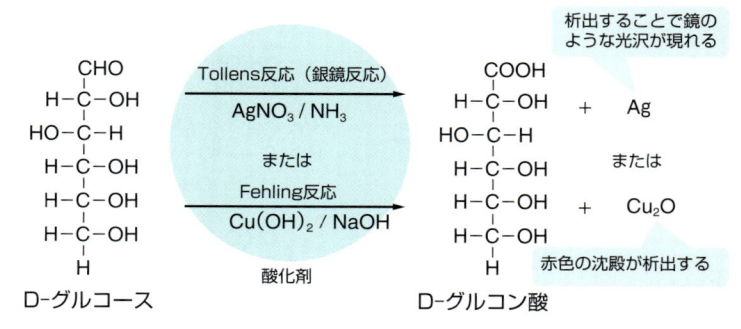

図8-12 還元糖の呈色反応

コラム

血糖値の測定に糖の酸化反応が利用されています。採血した血液に含まれるD-グルコースをフェリシアン化カリウムで酵素（グルコースオキシダーゼ）を用いて特異的に酸化すると，還元されたフェロシアン化カリウムが生成します。この酸化還元に伴って生じる電気量（クーロン量）はD-グルコース濃度に比例するため，この電流量からD-グルコース濃度に換算することで，血糖値が容易に求まります。

(3) ウロン酸

アルドースを直接酸化すると，アルデヒド基と末端の水酸基が酸化され2価のジカルボン酸（アルダル酸）となります。そこで，アルデヒド基が酸化されないよう，アルコールなどでグリコシド結合（配糖体）にて保護した後，酸化すると，末端の第一級アルコール基のみが酸化されたカルボン酸（ウロン酸）が得られます。たとえば，D-グルコースからD-グルクロン酸，D-マンノースからはD-マンヌロン酸，D-ガラクトースからはD-ガラクツロン酸がそれぞれ得られます。

コラム

グルクロン酸はさまざまなアルコールと反応し、**グルクロン酸配糖体（グルクロン酸抱合）** をつくります。特に、生体内では外部から進入した脂溶性の異物は肝臓などでグルクロン酸抱合（水溶性が高くなる）され、尿中や胆汁中に排泄する機構が備わっています。

(4) アミノ糖

アルドヘキソースの2位の水酸基は、しばしばアミノ基に置換されます。これらをアミノ糖とよんでいます。たとえば、D-グルコースからはD-**グルコサミン**（キトサンの基本単位：図8-25参照）、D-ガラクトースからはD-**ガラクトサミン**、D-マンノースからはD-**マンノサミン**などがあります。これらは、細胞膜上に現れる糖質の構成単糖としてもみられます。また、これらアミノ糖のアミノ基は酢酸とアミド結合（N-アセチル化）している場合が多くみられます。

3 オリゴ類（少糖）

オリゴ糖は、単糖と単糖がグリコシド結合で縮合した糖質です。オリゴ糖は単糖がいくつ縮合したかによって二糖類、三糖類、四糖類と分類され、おおむね、十糖類までを含めます。オリゴ糖の化学構造式は、どのような種類の単糖がどのようなグリコシド結合（αかβグリコシド結合）で、どのような順番でつながっているかを示しています（図8-13）。以下、代表的なオリゴ糖（天然の大部分は二糖類）を示します。

> オリゴ糖の種類は膨大になります。たとえば、4種類のアミノ酸を用いると24種類のペプチド形成が可能です。一方、同じ4種類の単糖では1000種類以上のオリゴ糖の組み合わせが可能となります。オリゴ糖を含めた糖質の特徴は、このように多様性が他の物質と比較して大きいことにあります。

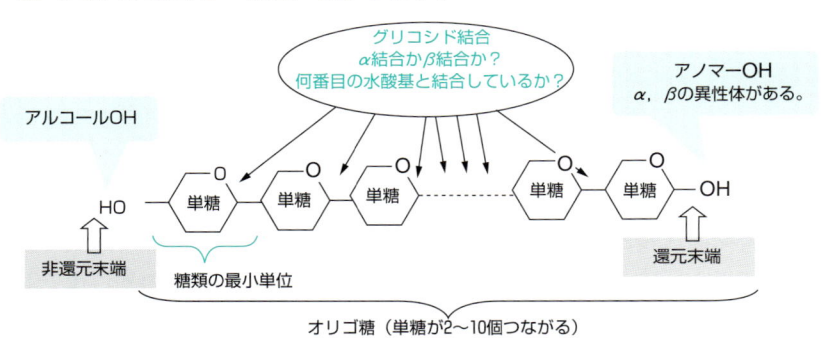

図8-13　オリゴ糖の構造

(1) マルトース（麦芽糖）

D-グルコース2分子が$\alpha 1 \rightarrow 4$グリコシド結合した二糖類で還元性を示し、白色の結晶（融点 102〜103℃）として単離されます。デンプン（図8-22参照）を酵素アミラーゼで加水分解すると生成し、水あめの主成分でもあります（図8-14）。

> マルトース（maltose）のmalt（モルト）は麦芽の意味から由来しています。

2. 炭水化物（糖質）の種類

図 8-14　マルトース（麦芽糖）

(2) イソマルトース

D-グルコース2分子がα1→6グリコシド結合した二糖類で還元性を示し，白色の結晶（融点　102〜103℃）として単離されます。マルトースの異性体で，蜂蜜，清酒などに含まれています（図8-15）。また，アミロペクチンの分岐部の構造（図8-23参照）にもなります。

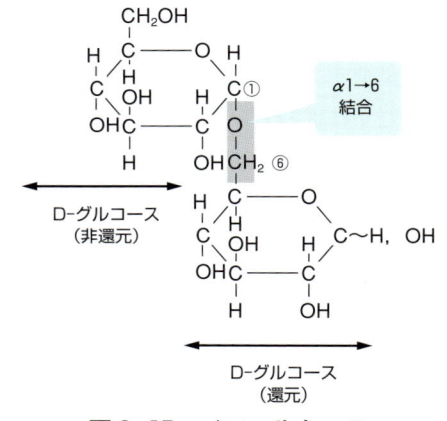

図 8-15　イソマルトース

(3) セロビオース

D-グルコース2分子がβ1→4グリコシド結合した二糖類で還元性を示し，白色の結晶（融点　225℃）として単離されます。麦芽糖の異性体でもあり，セルロース（図8-24参照）を酵素セルラーゼで加水分解したさいの主成分です。松の葉や茎に含まれています（図8-16）。

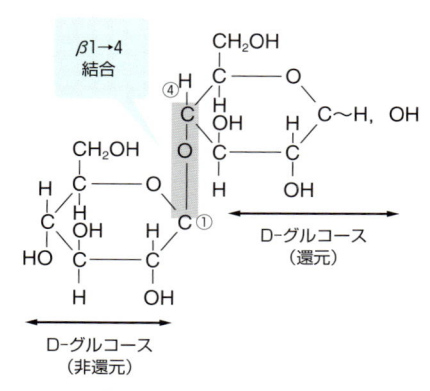

図 8-16　セロビオース

(4) α, α-トレハロース

　D-グルコース 2 分子が α1→α1 グリコシド結合した二糖類で非還元性を示し，白色の結晶（融点 97℃）として単離されます。砂糖の45％程度の甘味しかありませんが，同液に果物をつけて保存すると変色が抑えられ，野菜の鮮度を維持する作用が報告されています。また，冷凍食品で凍結時の食材ダメージを小さくするなど，砂糖にはみられない有用な特徴を有し，注目されています（図 8-17）。

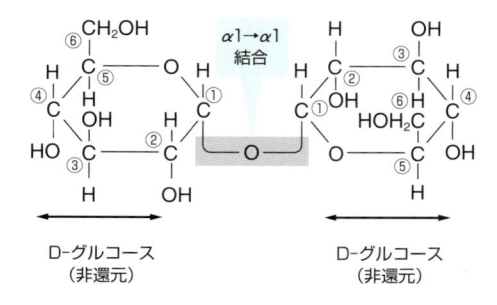

図 8-17　α, α-トレハロース

(5) ラクトース（乳糖）

　D-ガラクトースが β1→4 で D-グルコースにグリコシド結合した二糖類で還元性を示し，白色の結晶（融点；α型は202℃，β型；252℃）で単離されます。おもに，ほ乳動物の乳汁の主成分で，酵素ラクターゼ（β-ガラクトシダーゼ）で加水分解されます（図 8-18）。

乳糖不耐症
乳糖分解酵素（ラクターゼ）が先天的に少ない人は，牛乳を飲むと腸内でラクトースが異常発酵し下痢を起こすことがあります。

2. 炭水化物（糖質）の種類

図 8-18　ラクトース（乳糖）

(6) スクロース（ショ糖）

D-グルコースが α1 → β2 で D-フルクトース（果糖）に結合した二糖類で非還元性を示し，白色の非結晶（融点 160～186℃）で単離されます。甘味が強く，サトウキビやテンサイなど植物に広く含まれます（図 8-19）。

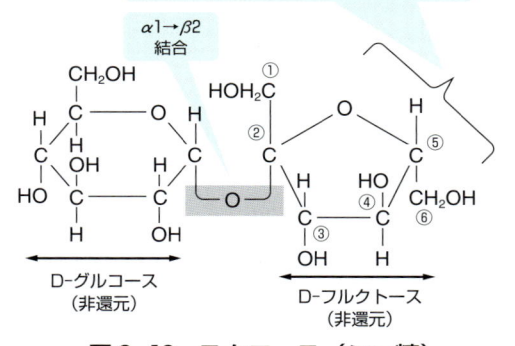

図 8-19　スクロース（ショ糖）

コラム　転化糖

スクロースの水溶液（旋光度は +66.5 度）を加水分解すると，D-グルコース（+53 度）と D-フルクトース（-93 度）の混合溶液となります。混合溶液の旋光度は（+53-93）/2 から，-20 度となります。結果的に，旋光度が反転（転化）する現象がみられることより，ショ糖の加水分解物を転化糖とよぶこともあります。

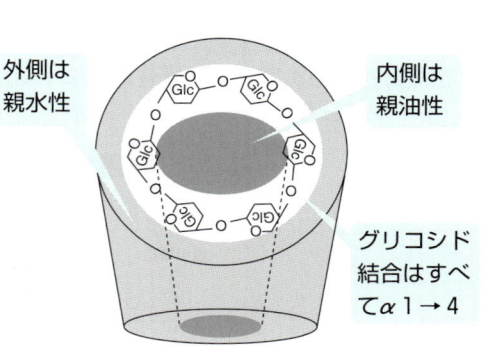

(7) シクロデキストリン

シクロデキストリンはデンプン（p.104頁参照）にある種の酵素を作用させると得られます。D-グルコースどうしが α1→4 グリコシド結合で環状につながり筒状の構造を有する特殊なオリゴ糖です（図8-20）。筒の外側にD-グルコースの水酸基が向く構造となるため，内部に脂溶性の物質を閉じ込める（包摂とよぶ）性質があります。この脂溶性の物質を包摂することで，水に溶かした状態をつくることができるミセルのような特性があります。また，シクロデキストリンはD-グルコースの数が6，7，8個からなる3種類が知られており，それぞれを α，β，γ-シクロデキストリンとよび，すべて非還元性を示します。

図8-20　シクロデキストリンの構造
外側は親水性／内側は親油性／グリコシド結合はすべて α1→4

4　多糖（グルカン）類

10個以上の単糖がグリコシド結合し，オリゴ糖より糖鎖が長く伸びた糖質で，通常，分子量は数千〜数百万にまで達する高分子です（図8-21）。また，タンパク質と異なって，糖鎖に分岐構造がみられることもあります。したがって，多糖類の種類は非常に多くなり，それら構造や性状も互いに大きく異なるので，1種類の単糖から構成される多糖を**単純（ホモ）多糖類**，複数種の単糖から構成される多糖を**複合（ヘテロ）多糖類**と分類する程度です。

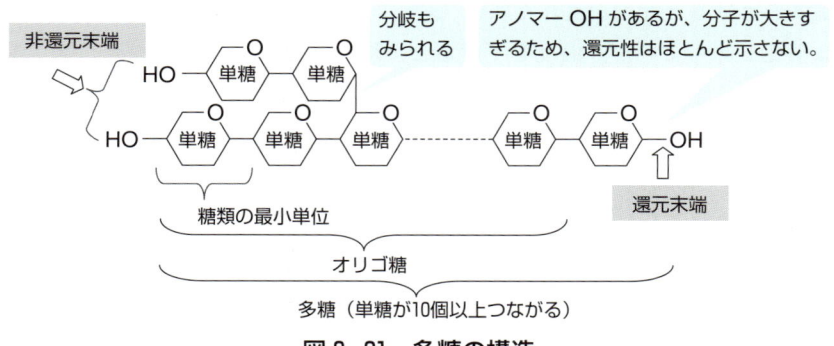

図8-21　多糖の構造

2. 炭水化物（糖質）の種類

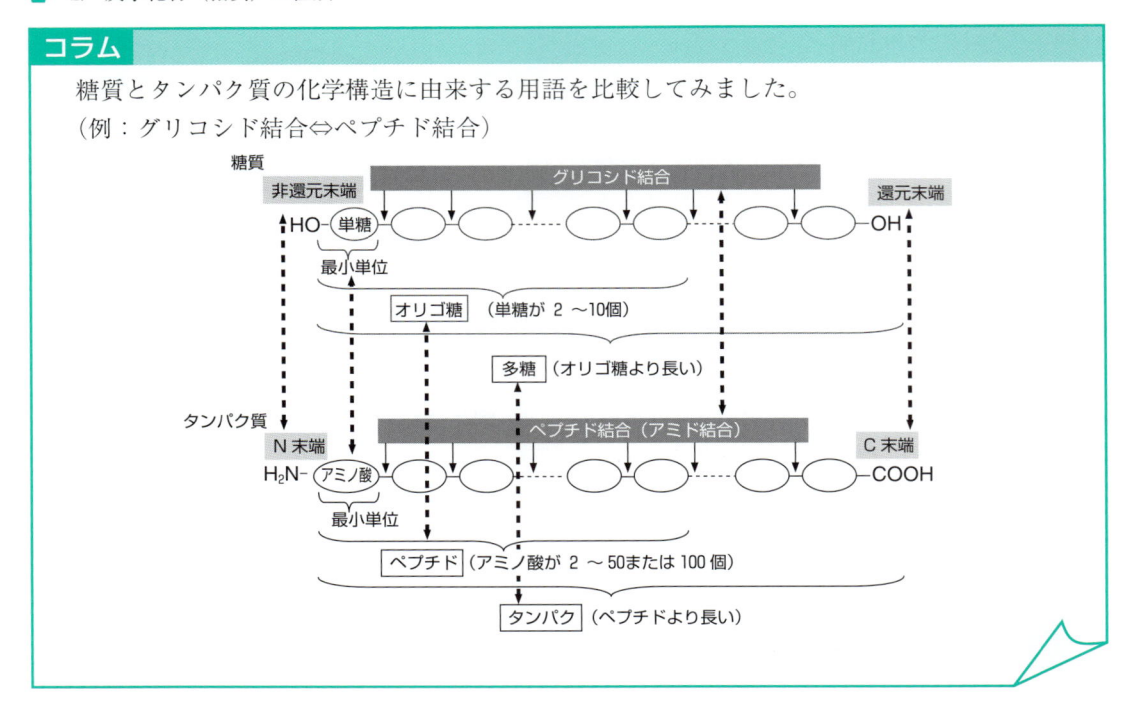

> **コラム**
>
> 糖質とタンパク質の化学構造に由来する用語を比較してみました。
> （例：グリコシド結合⇔ペプチド結合）
>
> 糖質
> 非還元末端 ─── グリコシド結合 ─── 還元末端
> HO-(単糖)○○---○○○-OH
> 最小単位
> オリゴ糖（単糖が 2～10個）
> 多糖（オリゴ糖より長い）
>
> タンパク質
> N末端 ─── ペプチド結合（アミド結合）─── C末端
> H_2N-(アミノ酸)○○---○○○-COOH
> 最小単位
> ペプチド（アミノ酸が 2～50または100個）
> タンパク（ペプチドより長い）

(1) デンプン

　植物界に広く分布している貯蔵多糖で，D-グルコースのみで構成される単純多糖類に分類されます。デンプンに水を加えて加温するとコロイド溶液になり，冷やすとゲル状（濃度が高い場合）を示します。また，デンプンの分子配列をみてみると，低温では規則正しく並んでいる（βデンプン）が，温度を上げると配列が乱れた状態（αデンプン）に変わります。αデンプンは消化も味もよいが，温度を下げると，徐々にβデンプンとなり，味，消化とも悪くなる特徴をもっています。デンプンは単一な物質ではなく，**アミロース**と**アミロペクチン**の混合物です。アミロースは熱水に溶ける性質があり，約200～3000個のD-グルコースがα1→4グリコシド結合をくり返し，らせん状の構造をしています。このような直鎖構造のため，還元末端，非還元末端は1か所しかありません（図8-22）。

> デンプンの粘り気はアミロペクチンの含まれる割合で決まります。たとえば，粘り気の強い「もち米」に含まれるデンプンは，ほとんどアミロペクチンからなります。

第8章 炭水化物（糖質）の化学

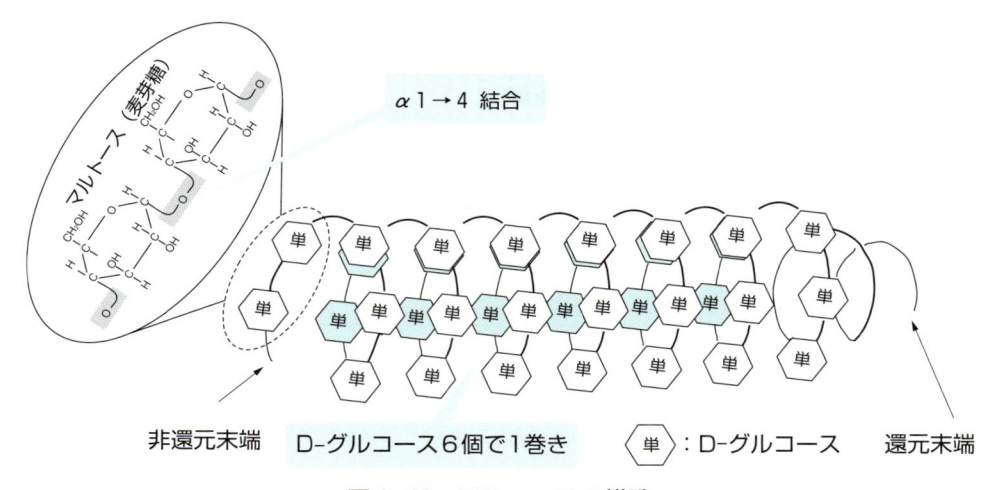

図8-22 アミロースの構造

一方，アミロペクチンは熱水に不溶でアミロースより分子量が大きく，D-グルコースが1000～40000個ほどつながっています。また，アミロースと異なりα1→6グリコシド結合で枝分かれ（分岐構造）するのが特徴です（図8-23）。その結果，非還元末端が多くみられます（還元末端は1か所のみ）。

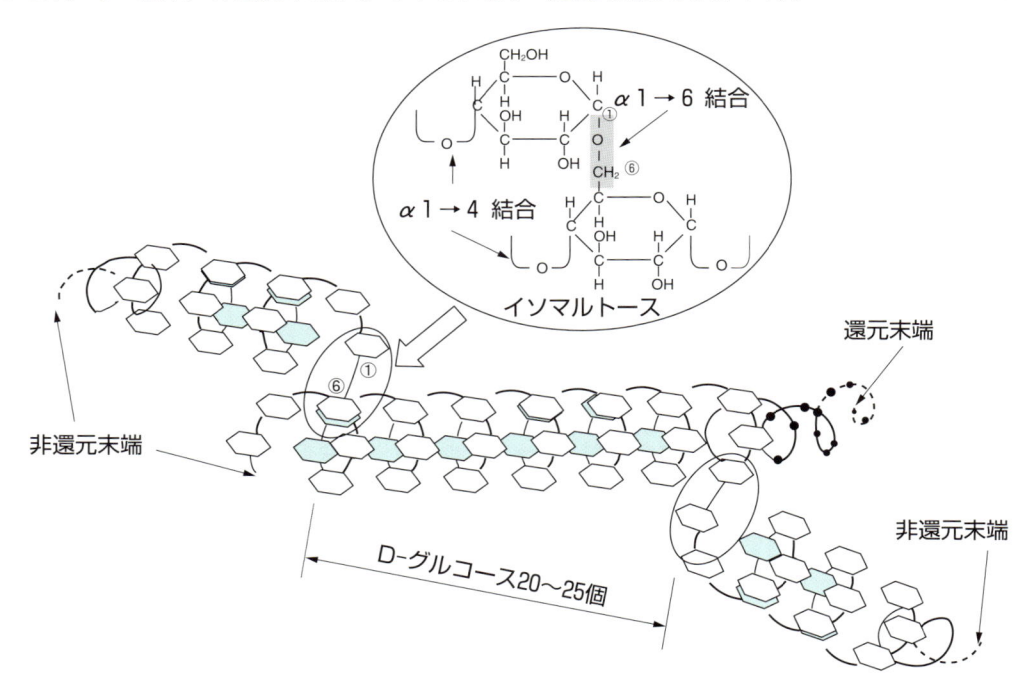

図8-23 アミロペクチンの構造

2. 炭水化物（糖質）の種類

> **コラム**
>
> グリコーゲンは肝臓と骨格筋でおもに合成される動物性の貯蔵多糖で，アミロペクチンにみられる植物性の貯蔵多糖と類似した構造です。異なる点は，グリコーゲンのほうが分岐の数が多いことです。その結果，非還元糖部の数が多くなります。グリコーゲンは体内でD-グルコースが不足した場合，酵素で非還元末端からD-グルコースを切りだし血中にすばやく供給します。非還元末端の数が多いことは，瞬時にD-グルコースを放出する理にかなった構造となっています。

> **コラム**
>
> デンプンにヨウ素－ヨウ化カリウム溶液を加えるとヨウ素分子がデンプンのラセン構造内にはいり呈色します。一方，溶液を加熱するとヨウ素分子が出てしまい，無色となります。（ヨウ素デンプン反応）。
>
> 室温　分子の大きさによって色が異なる
> アミロース→青色
> アミロペクチン→赤色
> グリコーゲン→褐色

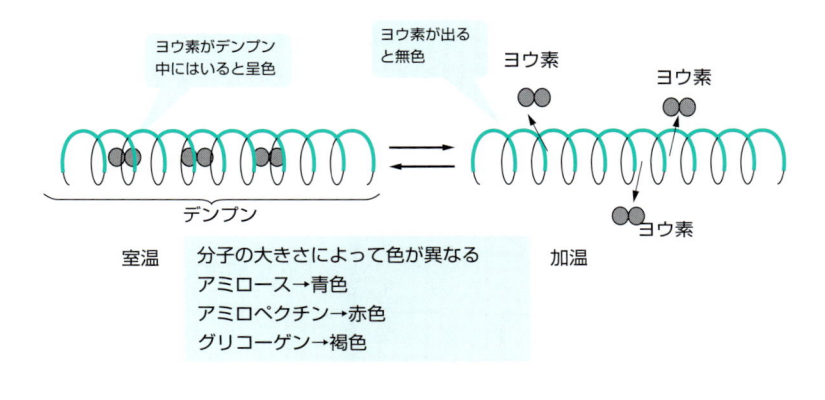

(2) セルロース

植物の構成成分で，微生物の細胞壁にもみられます。アミロースと同じグルコースが300〜2500程度つながったひも状の単純多糖類に分類されます。しかし，アミロースが α1→4 グルコシド結合であったのに対し，セルロースは β1→4 グリコシド結合です。このグリコシド結合のわずかな違いが，両者の立体構造や性質に大きな違いを与えています（図8-24）。

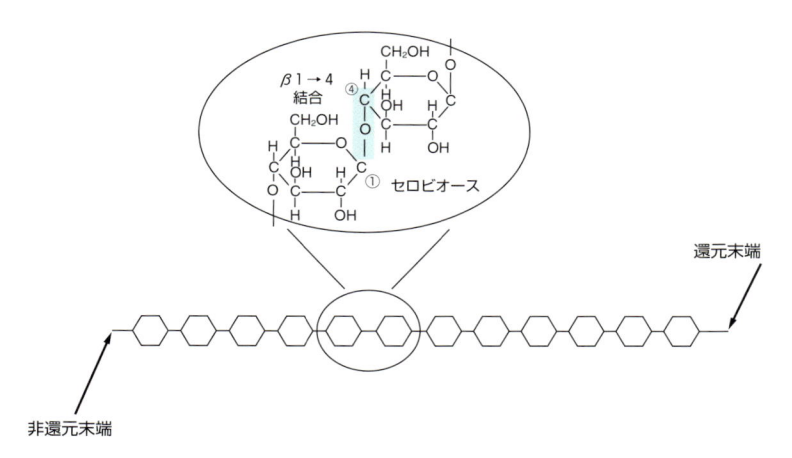

図8-24　セルロースの構造

> **コラム**
>
> セルロースはβ1→4グリコシド結合でできているため、デンプンと異なりヒトの消化酵素アミラーゼでは分解できません。これら不消化性の物質を、食物繊維とよんでいます。一方、木の皮が縦にさけやすい性質は、セルロースのひも状の化学構造からも説明できます。

(3) キチン・キトサン

カニやエビなどの無脊つい動物の甲羅の主成分で、セルロースと類似した構造をしています（図8-25）。セルロースはD-グルコースが基本単位ですが、キチンの場合はD-グルコースの2位の水酸基がアセトアミド基に置き換わった、N-アセチル-D-グルコサミン（糖誘導体：図8-11参照）が基本単位です。その結果、セルロースより構造が安定するため（分子内水素結合により）、ほとんどの溶剤に溶けず、化学的・物理的に強固なつくりとなっています。一方、キチン分子内のN-アセチル-D-グルコサミンが脱アセチル化しD-グルコサミンに置き換わると、キトサンとよばれる多糖になり、酸性溶剤に可溶となります。キトサンはキチンをアルカリ処理することで得られますが、100％脱アセチル化ができません。その結果、キトサンにN-アセチル-D-グルコサミンが残るため、キチンとキトサンの線引きがむずかしいのが実情です。したがって、酸性溶剤に可溶か不溶でキチンとキトサンを区別しています。

2. 炭水化物（糖質）の種類

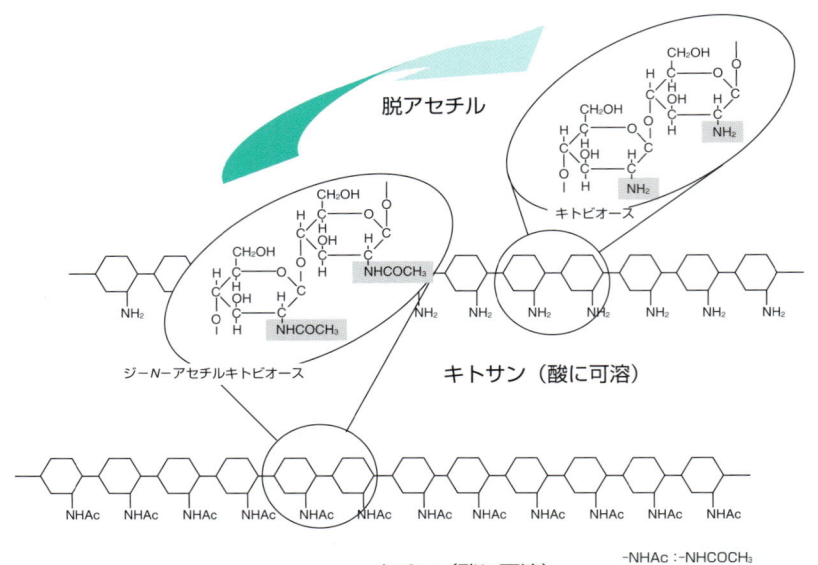

図8-25　キチン・キトサンの構造

コラム

キチンは多くの生物に含まれ豊富な生物資源（バイオマス資源）ですが，ふつうの溶剤に溶けないため，ほとんど利用されることはありませんでした（廃棄物）。しかし，近年，キチン・キトサンの研究が進み，有効利用の成果が出つつあります。一例として，厚生労働省はキトサンを特定保健用食品として，「コレステロールの体内への吸収をしにくくする食品」という表示を認可しました。その結果，いわゆる「健康食品，サプリメント」として多くの商品が販売されています。

(4) ムコ多糖類

グリコサミノグリカンともよばれ，N-アセチル-D-グルコサミンなどのアミノ糖とグルクロン酸などのウロン酸をコアー構造とする長鎖の**複合多糖**で，タンパク質に結合しています。代表例として，**ヒアルロン酸**と**コンドロイチン硫酸**などがあり（図8-26），軟骨の機能維持にきわめて重要な役割をしています。

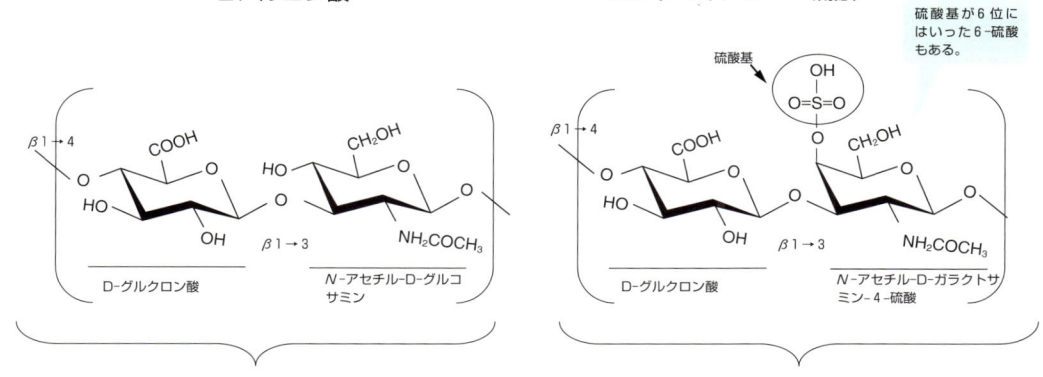

第8章 炭水化物（糖質）の化学

ヒアルロン酸　　　　　　　　　　　　コンドロイチン-4-硫酸

図8-26　ムコ多糖類の構造

3 生体中の炭水化物（糖質）の化学

　糖質は自然界で最も多く存在する有機物質であるにもかかわらず，おもに栄養素として扱かわれ，生体内での役割解明はほとんど手つかずの状態が1世紀以上続いてきました。おもな理由として，糖質には構造が類似した異性体が数多く存在し，わずかな違いの構造解析が他の生体成分（タンパク質や核酸）と比較して困難であったことがあげられます。しかし，近年，糖質の解析技術が飛躍的に進歩すると，これまで漠然としていた糖鎖構造の全容（グライコーム）が明らかになってきました。その結果，糖質は生物の基本単位である細胞内外のさまざまな場所で重要な役割を演じていることが明らかになってきました。たとえば，1990年，ランドシュタイナーはヒトの血液型（ABO式）は赤血球膜に存在する糖鎖構造の違いによって決まることをみつけました（図8-27）。また，60兆個もあるヒト細胞は相互間で情報のやりとり（ネットワーク）を行っていることがわかってきました。さらに，がんをはじめとするさまざまな疾患では，この細胞間ネットワークの乱れが要因の1つではないかと考えられています。このネットワークに糖鎖が関与していることが予想されるため，生体中の糖鎖

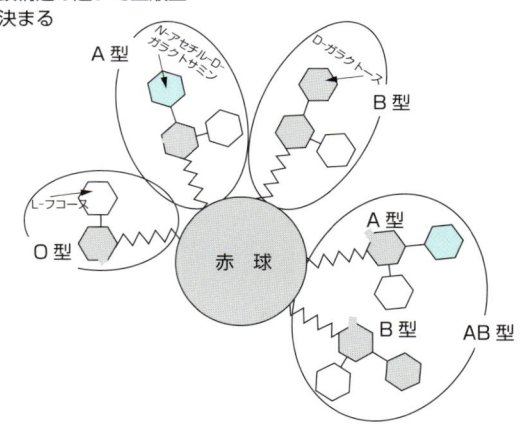

図8-27　血液型と糖鎖構造

3. 生体中の炭水化物（糖質）の化学

構造に関する情報の収集（網羅解析）が世界規模で展開されています。

> **コラム**
>
> 　核酸（DNA）は4種類のヌクレオチドが3個つながって1つのコドンを形成しています。この場合，コドンの組み合わせは全部で64通りになります。ペプチドは20種類のアミノ酸がつながってできています。かりにアミノ酸3個がつながったトリペプチドを想定してみると，その種類は全部で8,000種になります。一方，生体に存在する単糖は9種類しかないといわれています。しかし，単糖が3個つながったオリゴ糖の種類を計算してみると，全部で119,376通り存在することになります。糖類は他の生体成分と比較すると，その多様性の大きさに驚かされます。

　以上，糖質について基礎的な範囲を中心に記載しましたが，炭水化物（糖質）の化学は古くて新しい分野です。また，栄養学，生化学の展開は著しくはやく，これら学問領域を学習するうえで，糖質の化学を理解することはたいへん，重要といえます。

第9章　脂質の化学

私たちの近年の食生活では，主菜や副菜，スナック菓子など油で揚げたものが多く，総エネルギーの約1/4を脂質から摂取しています。脂質のとりすぎは生活習慣病の原因ともみられています。本章では，"脂質とは何か"からはじまって脂質の分類，脂質の化学的性質などについて学びます。

1 脂質とは

脂質とは，おもに炭素，水素，酸素の3種類の元素からできていて，常温で液体の油（oil）と固体の脂（fat）を合わせたことばである「油脂」とよばれるもので，「一般に水に溶けず，有機溶媒（アセトンやクロロホルムなど）に溶ける性質をもつ有機化合物で生体に利用されるもの」の総称であると物性だけで定義されています。

2 脂質の分類

脂質には多くの種類がありますが，その化学構造によって表9-1のように①単純脂質，②複合脂質，③誘導脂質の3種に大別されています。食物中に含まれる脂質は，ほとんどがグリセロールと脂肪酸を構成成分としたものです。

表9-1　脂質の種類

脂質の分類	名称		例
単純脂質	グリセリド（中性脂肪）		グリセロールの脂肪酸エステル（トリアシルグリセロールなど）
	ステロールエステル		コレステロールの脂肪酸エステル
	ろう（ワックス）		高級脂肪族アルコールと脂肪酸のエステル
複合脂質	リン脂質〔リン酸を含む〕	グリセロリン脂質	グリセロール＋脂肪酸＋リン酸＋窒素化合物（ホスファチジルコリン（レシチン）など）
		スフィンゴリン脂質	スフィンゴシン＋脂肪酸＋リン酸（スフィンゴミエリンなど）
	糖脂質〔糖を含む〕	グリセロ糖脂質	グリセロール＋脂肪酸＋単糖
		スフィンゴ糖脂質	スフィンゴシン＋脂肪酸＋単糖
誘導脂質	遊離脂肪酸		飽和脂肪酸，不飽和脂肪酸
	ステロイド		コレステロール，胆汁酸など
	脂溶性ビタミン，色素類		ビタミンA，D，E，K，カロテン類など

3 脂肪酸とは

脂肪酸は天然の脂肪を加水分解して得られる脂肪族モノカルボン酸であるので，厳密には炭素数が3以下など天然の脂肪に含まれないものは脂肪族モノカルボン酸あるいは有機酸とよぶべきですが，総称として脂肪酸とよばれています。

脂肪酸は多くの脂質に共通の構成成分であり，図9-1に示すように，直鎖状の炭化水素鎖とその両端にメチル基（$-CH_3$），カルボキシ基（$-COOH$）が結合した物質です。脂肪酸は炭素数2個を単位として生体内で合成されているため大部分の脂肪酸の炭素数は偶数個になっています。通常，炭素数が4以下のものを短鎖脂肪酸，6〜10のものを中鎖脂肪酸，12以上のものを長鎖脂肪酸とよびます。また，炭素数が10を超える脂肪酸は高級脂肪酸ともよばれています（表9-2）。

さらに，炭化水素鎖に二重結合部位がない脂肪酸を飽和脂肪酸，二重結合の部位が1か所あるものを一価不飽和脂肪酸（モノエン酸），複数個あるものを多価不飽和脂肪酸（ポリエン酸）とよびます。脂肪酸の炭素数と二重結合の数にもとづいて，18：2（炭素数18で2個の二重結合をもつリノール酸を示しています）のように略記されます。二重結合の位置を示す必要がある場合には，Δ（ギリシャ文字のデルタ）を用いて，カルボキシ基の炭素を1番として9番目の炭素と10番目の炭素の間に二重結合があるときにはΔ9と表します。

天然の不飽和脂肪酸の二重結合は，ほとんどシス型の立体配置をとっており，トランス型はまれです。二重結合を2個以上もつ場合は，二重結合どうしの間にメチレン基（$-CH_2-$）をはさんだ非共役二重結合となっており，メチレン基での折れ曲がりの自由度が大きく，二重結合が多いほど分子全体で曲折して大きな空間を占めるようになり，分子間での凝集会合を妨げるようになります。このため，不飽和脂肪酸を多く含む脂質は液体油となることが多くなります（表9-3）。二重結合にはさまれたメチレン基（$-CH_2-$）が酸化を受けやすいために過酸化脂質になる原因ともなっています。

(1) 構造を示す化学式
 　 $C_{18}H_{32}O_2$　または　$C_{17}H_{31}COOH$　または
 　 $CH_3(CH_2)_4(CH=CHCH_2)_2(CH_2)_6COOH$
 　 $CH_3CH_2CH_2CH_2CH_2CH=CHCH_2CH=CHCH_2CH_2CH_2CH_2CH_2CH_2CH_2COOH$

> IUPAC 命名法ではカルボキシ基の炭素を C-1 とし，以下順番に番号をつけます。

(2) 二重結合の位置異性体シス型配置を強調した構造式

または

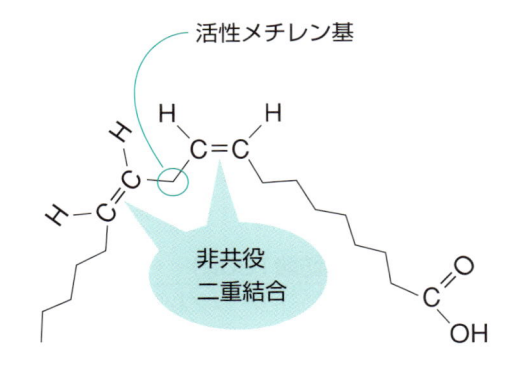

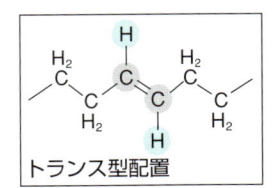

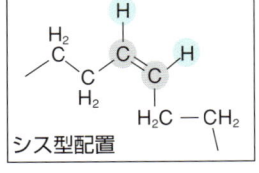

活性メチレン基

非共役二重結合

トランス型配置　　シス型配置

> 末端のメチル基の炭素原子からかぞえて 3 番目および 6 番目の炭素原子に二重結合がはじめて出現するものをそれぞれ n-3 系および n-6 系あるいは ω3系あるいは ω6系の多価不飽和脂肪酸とよびます。

> 総炭素数，二重結合の総数，二重結合の位置（二重結合開始位置の炭素番号）を示す場合には次のように表します。
>
> $18:2\Delta^{9,12}$
>
> シス (cis) かトランス (trans) かを区別する必要がある場合には，二重結合の位置を示す炭素番号に，9c, 12c のように c または t をつけて示します。

図 9-1　リノール酸を例とした脂肪酸の化学式および命名法

3. 脂肪酸とは

表9-2　脂肪酸の例

名称	炭素数と二重結合数	二重結合の場所（Δ）	融点	含有食品
飽和脂肪酸				
酢酸	2：0		16.7	
酪酸	4：0		−7.9	バター
ヘキサン酸*	6：0		−3.4	バター，やし油
オクタン酸*	8：0		17	バター，やし油
デカン酸*	10：0		32	バター，やし油
ラウリン酸	12：0		44	やし油
ミリスチン酸	14：0		54	動植物油
パルミチン酸	16：0		63	動植物油
ステアリン酸	18：0		70	動植物油
アラキジン酸	20：0		75	落花生油，綿実油，魚油
一価不飽和脂肪酸				
パルミトレイン酸	16：1	7	0.5	魚油，鯨油
オレイン酸	18：1	9	11	動植物油
多価不飽和脂肪酸				
リノール酸	18：2	6, 9	−5	大豆油等
γ-リノレン酸	18：3	6, 9, 12	—	月見草油
α-リノレン酸	18：3	3, 6, 9	−10	しそ油
アラキドン酸	20：4	6, 9, 12, 15	−50	魚油，肝油
イコサペンタエン酸**	20：5	3, 6, 9, 12, 15	−54	魚油
ドコサヘキサエン酸	22：6	3, 6, 9, 12, 15, 18	−44	魚油

炭素数が x 個で炭素－炭素間の二重結合の数が y 個ある脂肪酸を $C_{x:y}$ とも表記する。

* 以前はカプロン酸（6：0），カプリル酸（8：0），カプリン酸（10：0）という名称が使われたが，最近，IUPAC や日本化学会ではこの名称を廃止している。

** 一般にエイコサペンタエン酸とよばれることも多いが，IUPAC や日本化学会ではイコサペンタエン酸というよび方を用いている。

表9-3　植物油の脂肪酸組成（g/ 脂肪酸100g）

名称	飽和脂肪酸	オレイン酸* （18：1）	リノール酸 （18：2）	α-リノレン酸 （18：3）	γ-リノレン酸 （18：3）
ナタネ油	7.6	62.7	19.9	8.1	0
オリーブ油	14.1	77.3	7.0	0.6	0
大豆油	16.0	23.5	53.5	6.6	0
トウモロコシ油	14.1	29.8	54.9	0.8	0
サフラワー油 （ハイリノール）	10.0	13.5	75.7	0.2	0
亜麻仁油	8.5	16.5	15.2	59.5	0

* オレイン酸とシス-バクセン酸の合計値。

（文部科学省：日本食品標準成分表2020年版（八訂）脂肪酸成分表編による）

4 必須脂肪酸

　脂肪酸末端（カルボキシ基から最も離れたメチル基）から同じ位置に二重結合をもつことを示す場合は，たとえば，末端から6番目に二重結合をもつ脂肪酸グループの場合はn−6（nは対象としている脂肪酸の炭素数を意味する記号）と示します。あるいはω6（オメガωは二重結合の位置を示すギリシャ文字）と示すこともあります。この表記は，脂肪酸の栄養や代謝の系統の違いを示すのに有用であり，ヒトではn−3系列の脂肪酸とn−6系列の脂肪酸は相互に変換することができません。すなわち，n−6系のリノール酸（18：2n−6）からγ−リノレン酸（18：3n−6），アラキドン酸（20：4n−6）が順に生合成され，一方，n−3系のα−リノレン酸（18：3n−3）からはイコサペンタエン酸（20：5n−3），ドコサヘキサエン酸（22：6n−3）が生合成される異なる代謝経路をとることになり，ホルモン作用をもつ各種のプロスタグランジンなどがつくられるので，栄養学的には区別すべき脂肪酸ということになります。出発原料となるリノール酸およびα−リノレン酸は体内で合成できないので食事から摂取する必要があり，これらを必須脂肪酸とよびますが，体内で合成できる量だけでは必要量を満たすことができないとも考えられることから**n−6系脂肪酸**（リノール酸，γ−リノレン酸，アラキドン酸）と**n−3系脂肪酸**（α−リノレン酸，イコサペンタエン酸（IPA），ドコサヘキサエン酸（DHA））を合わせて**必須脂肪酸**とみなす場合もあります。

5 脂質の分類にもとづく構造的特徴

1 単純脂質

　単純脂質は脂肪酸とアルコールの単純なエステルで，アルコールがグリセロールならアシルグリセロール，コレステロールならコレステロールエステル，高級アルコールなら**ろう**になります。脂肪酸3分子とグリセロール1分子が脱水してエステル結合したものが**中性脂肪**とよばれる油脂で食品素材の脂質の大部分を占めますが，構造からはこれをトリグリセリドあるいはR−CO−部分をアシル基とよぶことからトリアシルグリセロールといいます。油脂の性質は結合している脂肪酸の性質によって決まっています。飽和脂肪酸の多い油脂の融点は高く固体脂になりやすく，不飽和脂肪酸が多いほど融点が低い液体油になりやすい傾向があります。

　ろう（ワックス）は脂肪酸1分子と高級脂肪族アルコールがエステル結合

5. 脂質の分類にもとづく構造的特徴

したもので，植物の葉や果実の表皮，動物の羽毛など水をはじく保護物質として見いだされる成分で，栄養学的な効果はありません。

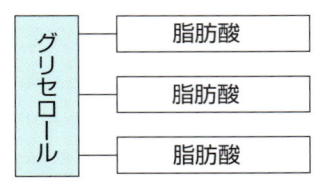

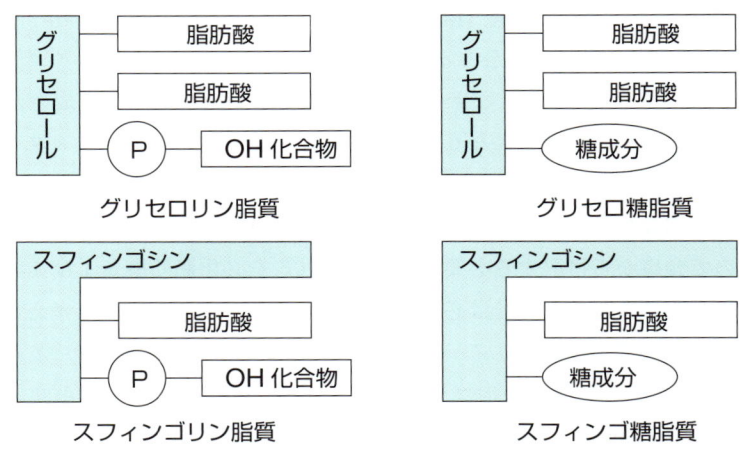

単純脂質

```
グリセロール ─ 脂肪酸
            ─ 脂肪酸
            ─ 脂肪酸
```
中性脂肪（トリグリセリド）

複合脂質

```
グリセロール ─ 脂肪酸
            ─ 脂肪酸
            ─ P ─ OH化合物
```
グリセロリン脂質

```
グリセロール ─ 脂肪酸
            ─ 脂肪酸
            ─ 糖成分
```
グリセロ糖脂質

```
スフィンゴシン ─ 脂肪酸
              ─ P ─ OH化合物
```
スフィンゴリン脂質

```
スフィンゴシン ─ 脂肪酸
              ─ 糖成分
```
スフィンゴ糖脂質

Pはリン酸部分を示しています。

図9-2　おもな単純脂質と複合脂質の基本構造

2　複合脂質

　主要な複合脂質には**リン脂質**と**糖脂質**があります。リン脂質は脂肪酸とアルコールのエステルにリン酸基がついたもので，アルコール部分がグリセロールのものをグリセロリン脂質，スフィンゴシンであるものをスフィンゴリン脂質（図9-3）といいます。また，リン酸基に1分子の極性基が結合しています。リン脂質は脂肪酸の炭化水素鎖による疎水性（親油性）の部分とリン酸基を含む親水性部分をあわせもつ両親媒性構造を有して，細胞膜の構成成分となり，血液凝固などの生理活性をもつものもあります。食品中のリン脂質としてはレシチン（ホスファチジルコリン）が代表的なもので，乳化作用を利用した食品にも多い物質です（図9-9）。

　糖脂質もリン酸基のかわりに糖残基を含み，グリセロ糖脂質とスフィンゴ糖脂質に分類されています。細胞膜に存在し，細胞間の認識を行ううえで重

要な役割を担っています。

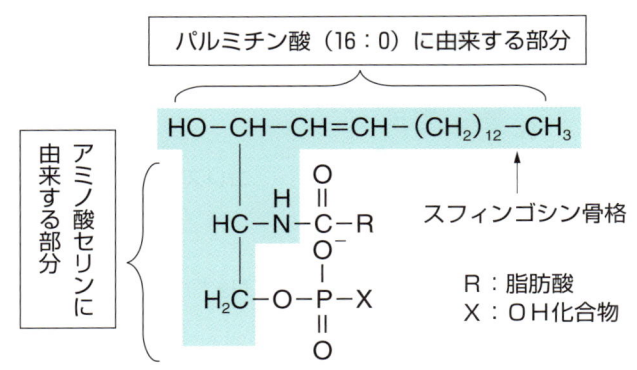

```
          パルミチン酸（16：0）に由来する部分
     ┌─────────────────────────────┐
     HO-CH-CH=CH-(CH₂)₁₂-CH₃
ア    │        O
ミ    │        ‖
ノ    HC-N-C-R          ← スフィンゴシン骨格
酸    │ H  O
セ    │    ‖
リ    H₂C-O-P-X         R：脂肪酸
ン    │    ‖            X：OH化合物
に    │    O
由
来
す
る
部
分
```

図9-3　スフィンゴリン脂質の基本構造

3　誘導脂質

　誘導脂質は単純脂質や複合脂質から導かれる脂質で，エステル結合部分をもたないため加水分解しても脂肪酸が遊離しないので不けん化物ともよばれます。遊離脂肪酸，ステロイド，脂溶性色素，脂溶性ビタミンなど，単純脂質と複合脂質のどちらにも分類できないものが**誘導脂質**です。

　動物油脂中のステロール類は，ほとんどがコレステロールで，リン脂質，糖脂質とともに生体膜の構成成分として重要であるばかりでなく，胆汁酸やステロイドホルモン，ビタミンDの前駆体としても欠くことのできないものです（図9-4）。

　直鎖状の骨格をもつ抗酸化性脂溶性色素のβ-カロテンやリコペン，油脂の酸化防止作用をもつビタミンEであるトコフェロールなど重要なものがあります。

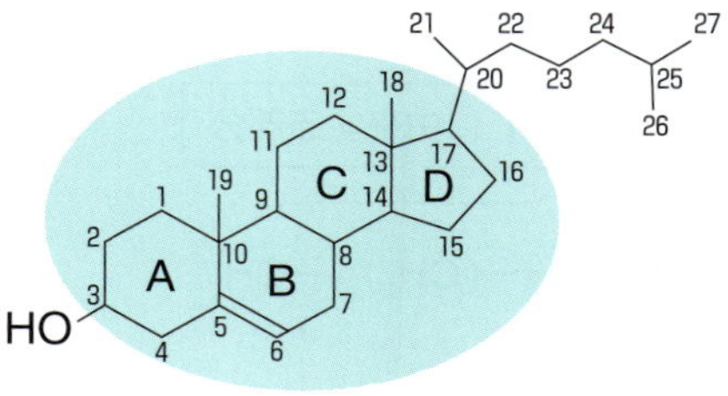

◆ 6. 油脂の化学的性質

コレステロール

ステロイド骨格

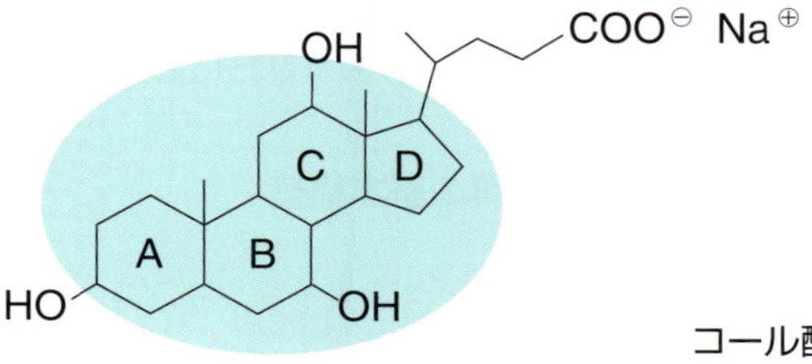

コール酸ナトリウム（胆汁酸塩）

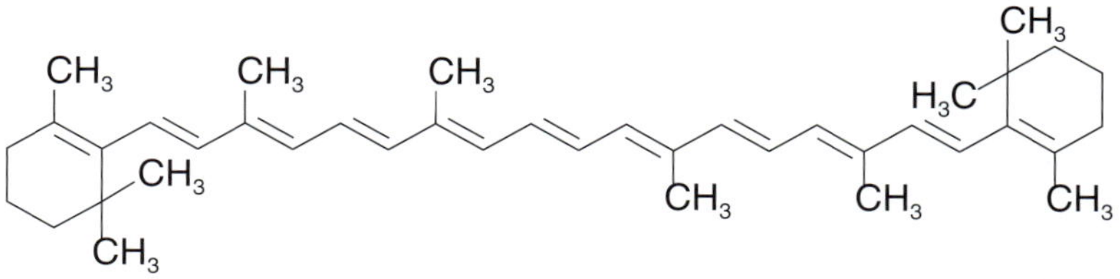

β-カロテン（プロビタミンA）

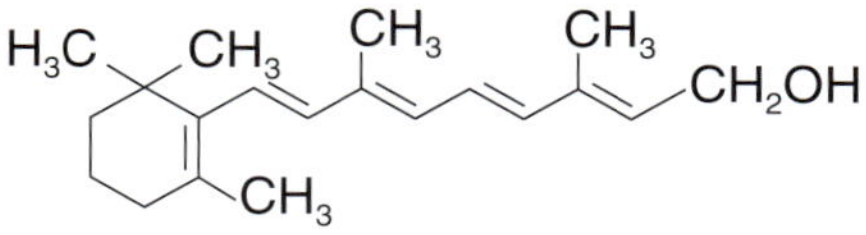

レチノール（ビタミンA）

図9-4　代表的なステロイドおよびカロテノイドの例

6 油脂の化学的性質

　油脂の脂肪酸組成やトリグリセリドの組成からそれぞれの油脂の性質が決まっています。化学的分析による測定値で油脂の性質を調べることができます。

1 ヨウ素価

　不飽和脂肪酸を含む油脂にヨウ素を作用させると，二重結合にヨウ素が付

加します。吸収されたヨウ素の量により油脂中の二重結合の数を知ることができます。ヨウ素価の高い油脂は一般に酸化されやすいので，安定性の指標となります。

2 けん化価

油脂をアルカリ加水分解してグリセロールと脂肪酸塩に分解することをけん化とよび（図9-5），油脂をけん化するのに必要な水酸化カリウムの量をけん化価といいます。油脂の単位重量あたりのエステル結合数に比例し，油脂を構成する脂肪酸の平均分子量が小さいほどけん化価は大きくなるので，構成脂肪酸の大小を表す指標となります。

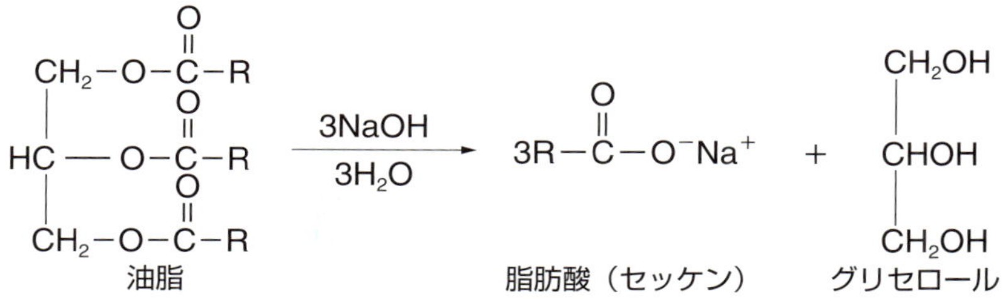

$$\begin{array}{c} CH_2-O-\overset{O}{\overset{\|}{C}}-R \\ HC-O-\overset{O}{\overset{\|}{C}}-R \\ CH_2-O-\overset{O}{\overset{\|}{C}}-R \end{array} \xrightarrow[3H_2O]{3NaOH} 3R-\overset{O}{\overset{\|}{C}}-O^-Na^+ + \begin{array}{c} CH_2OH \\ CHOH \\ CH_2OH \end{array}$$

油脂　　　　　　　　　　　　　　　　脂肪酸（セッケン）　　　グリセロール

Rは脂肪酸を表しています。

図9-5　油脂のけん化（アルカリ加水分解）

3 酸価（AV）

油脂単位重量あたりに含まれる遊離脂肪酸を中和するのに必要な水酸化カリウムの量を酸価とよび，油脂の精製度や劣化度の指標となります。

4 過酸化物価（POV），カルボニル価（CV）

油脂の酸化反応の初期には油脂の脂肪酸部分に酸素が付加して過酸化物が生成します。油脂の単位重量あたりの過酸化物の量を過酸化物価とよび，新鮮な油脂では0に近く，酸化の進行につれて増加していくので，油脂の劣化の程度を知る指標となります。油脂の酸化で生じた過酸化物はさらに酸化分解してケトン，アルデヒド類などのカルボニル化合物を生じるので，油脂の単位重量あたりのカルボニル化合物の量をカルボニル価とよび，油脂の劣化度合いを知る指標となっています。

7 脂質の劣化・酸敗

食用油脂は徐々に酸化され，酸化臭，着色や粘度上昇などが顕著になる油脂の劣化または酸敗とよばれる現象がみられます。この主原因は酸素による

7. 脂質の劣化・酸敗

不飽和脂肪酸の酸化で，食品の栄養やおいしさが低下するだけでなく，毒性物質を生じることもあります。脂質の酸化による生体成分の変化や組織の損傷は，老化，動脈硬化，発がんなどに関係しています。

1 自動酸化

油脂を含む食品を空気に接触させておくと，酸素により自動的に起こる酸化反応のことを自動酸化（図9-6）とよんでいます。油脂を構成している不飽和脂肪酸は光，熱，金属イオンなどの作用によって脂肪酸の炭化水素鎖中の水素原子が炭素原子に電子が1つ残る形でとられ，反応性の高い脂質ラジカルを生成します。ラジカルができやすい場所は二重結合にはさまれたメチレン基のところで，リノール酸では11位の炭素です（活性メチレン基ともよばれています）。α-リノレン酸では11位と14位が活性メチレン基になり，不飽和度が高いほど自動酸化を受けやすくなります。

脂質ラジカルは酸素分子と結合してペルオキシラジカルとなります。このラジカルは他の脂肪酸より水素を引き抜き，自身はヒドロペルオキシドとなり，新たに脂質ラジカルを生じることになります。この連鎖反応がくり返され，一次生成物としてヒドロペルオキシドが蓄積していきます。

反応性の高い脂質ラジカルが多くなると，ラジカルどうしの反応が起こりやすくなり，反応は沈静化していくようになります。また，過酸化脂質であるヒドロペルオキシドも不安定であるため，二次的に酸化が進行して分解され，不快な味や臭いをもつアルデヒド類，ケトン類，アルコール類，有機酸類や重合物などを生成するようになり，さらに油脂は劣化していきます。

2 酵素による酸化

豆類，穀類，果実，野菜などには，リノール酸など活性メチレン構造をもつ脂肪酸を特異的に酸化してヒドロペルオキシドを生成するリポキシゲナーゼとよばれる酵素が含まれています。大豆や穀物粉などでは悪臭の原因となりますが，野菜や果実ではさらに酵素的開裂を受けることで青葉アルコール，青葉アルデヒド，キュウリアルコールなどの特徴的な香気物質をつくりだしていく原料になっています。

3 加熱による変化

フライや天ぷらなど一般に160度以上の高温で油脂を長時間加熱すると，不快臭を生じ，粘性が増すようになります。自動酸化と類似した激しい酸化反応が起こりますが，生じた過酸化脂質は高温のためすぐに分解していき，各種のカルボニル化合物，酸類，アルコール類や酸化重合物が蓄積して油脂

図9-6　脂質の自動酸化の概要

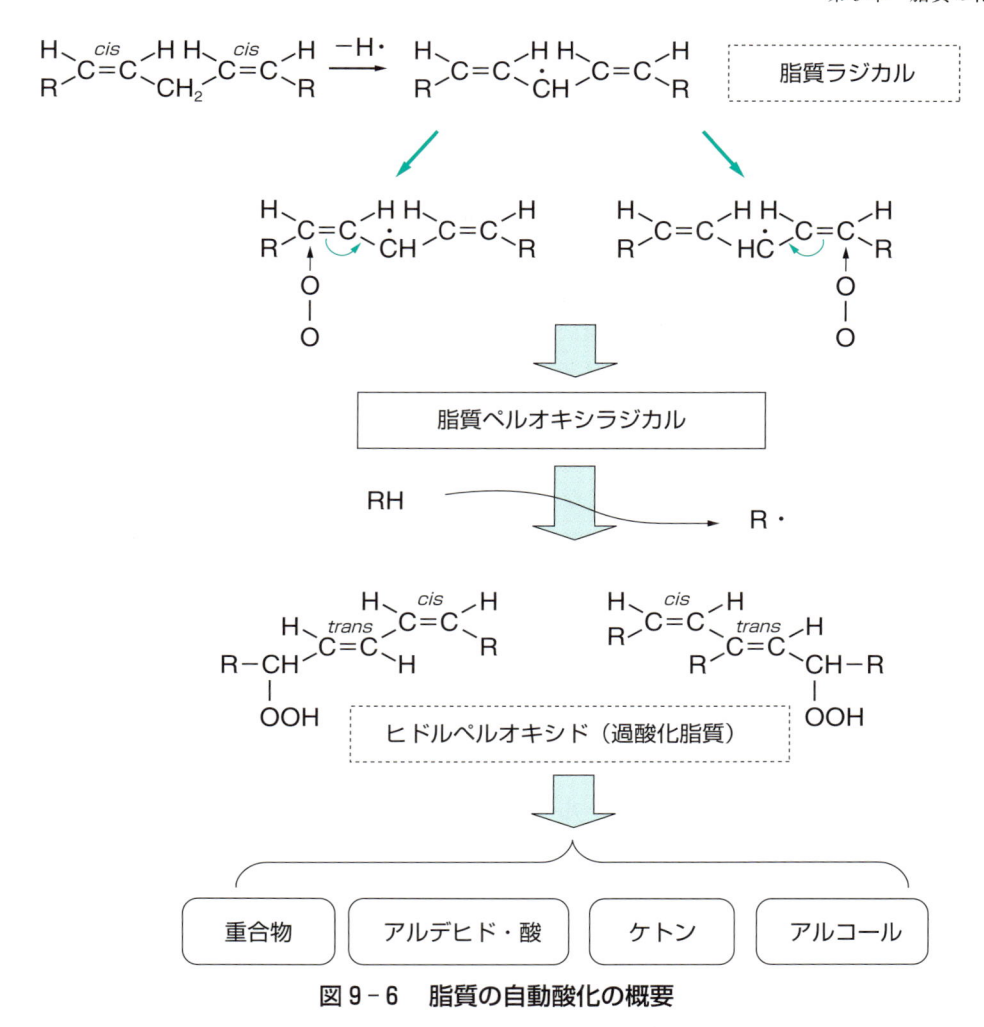

4　活性酸素種と過酸化反応

　食用油脂の酸敗やリポキシゲナーゼによる酵素反応，生体内で起こる脂質酸化反応などでは，反応の開始や進行に活性酸素種が関与しています。空気中にある酸素分子は三重項酸素分子（$^3O_2$）とよばれ，不対電子を2個もっている遊離基（フリーラジカル）です。ラジカルは電子対になろうとする性質があるため反応性に富んでいますが，三重項酸素分子そのものは安定です。ところが，三重項酸素分子から生じるラジカルであるスーパーオキシド（O_2^-）やヒドロキシラジカル（$HO\cdot$），活性酸素種の過酸化水素（H_2O_2）や一重項酸素（$^1O_2$）は反応性がきわめて高いものです。生体内には活性酸

素を除去する防御システムがはたらいており，生体内脂質の過酸化反応が起こるのを防いでいます。

8 油脂の改質反応

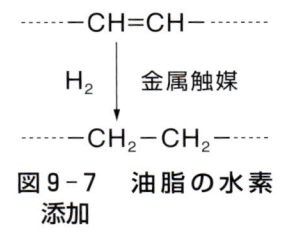

1 水素添加反応

```
-----—CH=CH—-----
        │
  H₂  │ 金属触媒
        ↓
-----—CH₂-CH₂—-----
```

図9-7　油脂の水素添加

　高温・高圧条件で触媒を用いて油脂の不飽和脂肪酸の二重結合に水素を添加して飽和結合に変えることができます（図9-7）。この処理によって飽和脂肪酸が増えることにより，油脂の融点が高まって物性を変えるとともに（固体脂状になりやすくなります），酸化に対する安定性を高めることができます（製品を硬化油といいます）。ポリエン酸の多い植物油からマーガリンやショートニングの製造に利用されています。

　この加工の副反応として，二重結合がトランス型に変換した脂肪酸（トランス脂肪酸）が生成することが知られています。トランス脂肪酸の摂取が動脈硬化や心疾患の危険因子となると考えられており，加工食品に含まれるトランス脂肪酸の安全性が問題視され，食品表示の義務化も進められています。

2 エステル交換反応

　グリセロールにエステル結合している脂肪酸を触媒存在下で加温するとトリアシルグリセロール構成脂肪酸の交換が起こり分子種組成を変えることができます。この反応をエステル交換といいます。脂質分解酵素リパーゼを利用した酵素的エステル交換反応も開発され，中鎖脂肪酸を構成成分とする健康油などの製造も行われています。

9 脂質の消化・吸収

　食事として摂取した脂質（中性脂肪）は，肝臓で合成され小腸に送られてきた胆汁酸の乳化作用により水に溶けやすい形に整えられ，消化酵素（加水分解酵素）であるリパーゼによってモノアシルグリセロール，脂肪酸とグリセロールに分解され小腸粘膜から吸収されます。低分子量の脂肪酸は，遊離の形で門脈を経て肝臓に送られますが，長鎖脂肪酸は吸収後にトリグリセリドに再合成されてリン脂質，コレステロール，タンパク質とともにキロミクロンを形成し，リンパ管を通って胸管へ移行し，鎖骨下静脈から大静脈系にはいって血流に乗って全身に運ばれます。

その後，二酸化炭素と水にまで代謝されてエネルギー源となったり，細胞膜，ホルモンなどの材料として使われ，余分な脂質はトリグリセリドの形で体脂肪として蓄えられます。体脂肪は，エネルギーが不足するとグリセロールと脂肪酸に分解されてエネルギー源として動員されます。

脂質は生体にとって効果的なエネルギー源です。分子中に高比率で酸素を含む糖質やタンパク質が 4 kcal/g であるのに対し，炭素と水素の割合の大きい炭化水素鎖を含んでいる脂質は，分子中の酸素が少ないために単位重量あたりで生じる熱量が 9 kcal/g と 2 倍のエネルギーを生みだすことができます。

10 乳化とエマルション

水と油が混じりあい，いつまで置いても水と油が分離してこない状態のものがあります。この状態を「乳化」といいます。水の中に細かい油（脂肪）が浮いているためです。

水と油のような均一に溶解しない 2 液体を安定したエマルション（乳濁液）にするために添加される両親媒性物質（1 つの分子の中に親油基〔油となじむ部分〕と親水基〔水となじむ部分〕をもったもの）が乳化剤です。

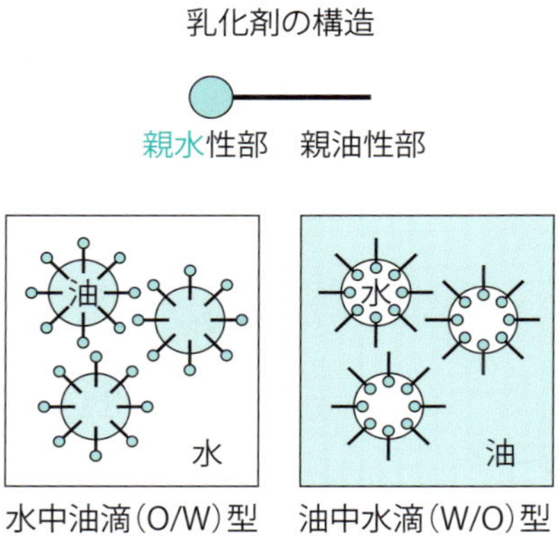

図 9-8 乳化とエマルション

エマルションとは，相互に溶けあわない 2 種類の液体の一方が微粒子となって，もう一方に分散している状態のことをいいます。水-油のエマルションでは，水中油滴（O/W）型と油中水滴（W/O）型があります。多くのエマルションは O/W 型であり，W/O 型はきわめて不安定です。食品の安定した W/O 型エマルションは，マーガリンのように，油相が固体状の油脂に近い場合が多いといわれてます。

1 水中油滴（O/W）型エマルション

連続している水相中に，油滴が分散している乳化状態です。牛乳，豆乳，生クリーム，マヨネーズなどがこれにあたります。

10. 乳化とエマルジョン

❷ 油中水滴（W/O）型エマルション

連続している油相中に，水滴が分散している乳化状態です。マーガリン，バターなどがこれにあたります。

食品関連では，ショ糖の各脂肪酸エステル（化学合成によってつくられています），レシチン（天然から抽出・精製されたもの）などが食品衛生法で食品への使用が許可されている乳化剤です（図9-9）。グリセロール脂肪酸エステルはパン・ケーキ類の柔軟性改善とデンプンの老化防止の効果があり，レシチンは加熱時の油はね防止と酸化防止の効果があります。

レシチン（リン脂質の1つ：ホスファチジルコリン）
脂肪酸の炭化水素鎖部分が親油性（疎水性），リン酸部分が親水性をもっています。

ショ糖脂肪酸エステル（ショ糖モノエステル）
ショ糖と脂肪酸の反応のモル比によって親水性／親油性の比率の異なる各種のショ糖脂肪酸エステルがつくられています。

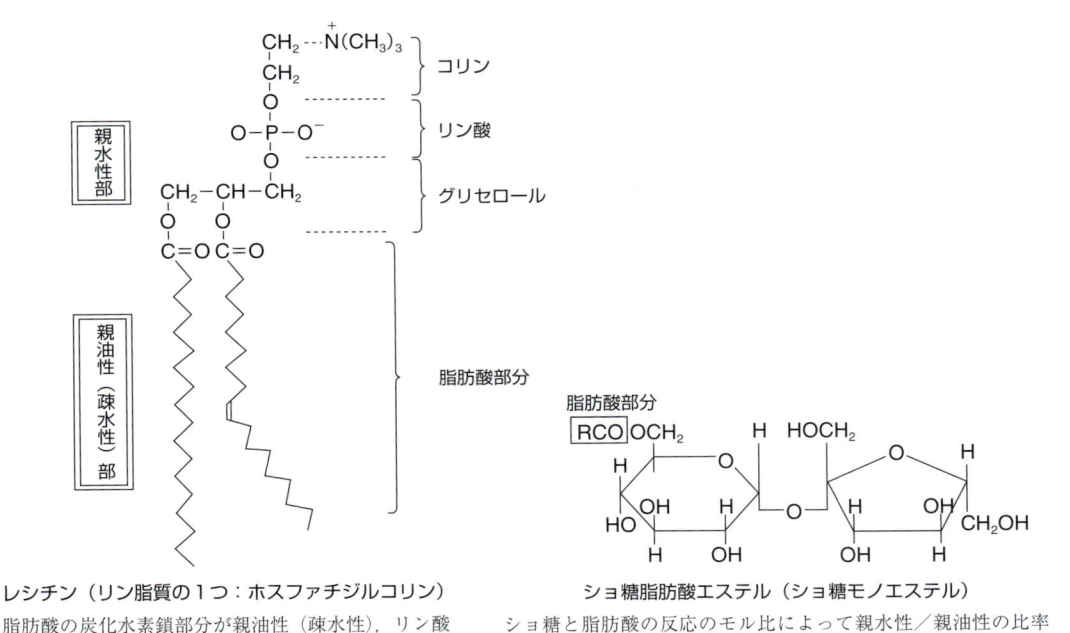

図9-9　食品に使用される乳化剤の例

第10章 タンパク質・アミノ酸の化学

1 タンパク質のさまざまな機能

　からだの中で活躍するタンパク質。タンパク質にどんなものがあるかみてみましょう。

　私たちの体に最も多く含まれるタンパク質はコラーゲンです。コラーゲンはタンパク質の鎖が何本も集まった強いはがねのような繊維状の構造をもっています。コラーゲンに異常がある人では，皮膚をつまんだときに異常に伸びてしまうなどの症状がみられます。筋肉もタンパク質でできています。血液中で酸素を運搬しているヘモグロビンもタンパク質です。外敵と戦う免疫系の主役である抗体も免疫グロブリンというタンパク質です。体内の反応を触媒する酵素もタンパク質です（表10-1）。

　タンパク質がこのように多彩な機能をもっているのはなぜでしょうか。本

表10-1　機能によるタンパク質の分類

分類	機能	例
酵素	生体内の反応を触媒する	2500種以上の酵素がみいだされている
輸送タンパク質	物質の輸送を担う	ヘモグロビン（酸素），トランスフェリン（鉄），リポタンパク質（脂質），アルブミン（脂溶性物質），グルコース輸送体，イオンチャネルなど
収縮・運動性タンパク質	細胞の運動，筋肉の収縮に関与	アクチン，ミオシン（筋肉の収縮），チューブリン（中心体）など
調節タンパク質	情報伝達を担う	ペプチド性ホルモン，ホルモン受容体，カルモジュリン（カルシウム結合タンパク質），インターロイキン（サイトカイン）など
防御タンパク質	障害や異物の侵入から体を守る	免疫グロブリン（抗体），フィブリノーゲン，トロンビン（血液凝固）など
構造タンパク質	細胞や組織の形態維持や強度維持	コラーゲン（腱，軟骨，皮膚），エラスチン（腱，皮膚，血管），ケラチン（毛，皮膚），フィブロネクチン（細胞接着）など
貯蔵タンパク質	栄養物の貯蔵	胚芽植物（小麦，とうもろこし，米など）の種子に保存されているタンパク質，フェリチン（鉄貯蔵）など

2. タンパク質はアミノ酸からできている

章では，タンパク質を構成するアミノ酸の性質について学び，タンパク質がさまざまな機能を発揮するしくみにせまります。

2 タンパク質はアミノ酸からできている

タンパク質はアミノ酸がつながってできたものです。私たちの体の中では，遺伝子の情報に従ってアミノ酸を並べてタンパク質を合成しています。遺伝子にコードされているアミノ酸は**20種類**です。これらのアミノ酸は，アミノ酸としての共通の特徴をもちながら，それぞれが個性的な存在です。これらのアミノ酸の個性が，膨大な種類のタンパク質とそのさまざまな機能をつくりだす原動力となっています。

1 アミノ酸の基本構造

タンパク質を構成するアミノ酸は図10-1のような基本構造をもっています。カルボキシ基が結合している炭素（α炭素）にアミノ基が結合している構造から，**α-アミノ酸**とよばれています。

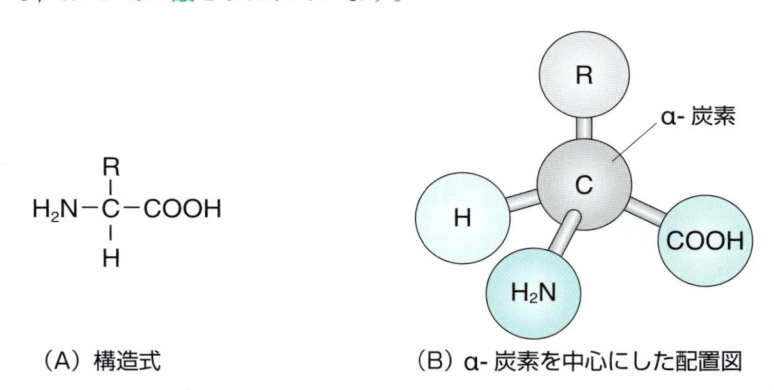

（A）構造式　　　　　　　　　（B）α-炭素を中心にした配置図

図10-1　L-α-アミノ酸の基本構造

Rは側鎖とよばれ，20種類のアミノ酸はこの部分の構造が異なっています。

(1) アミノ基とカルボキシ基の性質

アミノ酸の特徴は，水に溶けて酸性を示すカルボキシ基と，塩基性を示すアミノ基の両方をもっていることです。このような性質をもつ物質は**両性電解質**とよばれます。

カルボキシ基の一部は電離して水素イオンH^+を放出しますが，このH^+をアミノ基の一部が受け取って$-NH_3^+$になると考えるとわかりやすいかもしれません。

$$\begin{pmatrix}\text{カルボキシ基の電離：}-\text{COOH} \rightleftarrows -\text{COO}^- + \text{H}^+ \\ \\ \text{アミノ基の電離：}-\text{NH}_2 + \text{H}_2\text{O} \rightleftarrows -\text{NH}_3^+ + \text{OH}^-\end{pmatrix}$$

$$\text{H}_2\text{N}-\underset{\underset{H}{|}}{\overset{\overset{R}{|}}{C}}-\text{COOH} \rightleftarrows {}^+\text{H}_3\text{N}-\underset{\underset{H}{|}}{\overset{\overset{R}{|}}{C}}-\text{COO}^-$$

図10-2　水溶液中でのアミノ酸

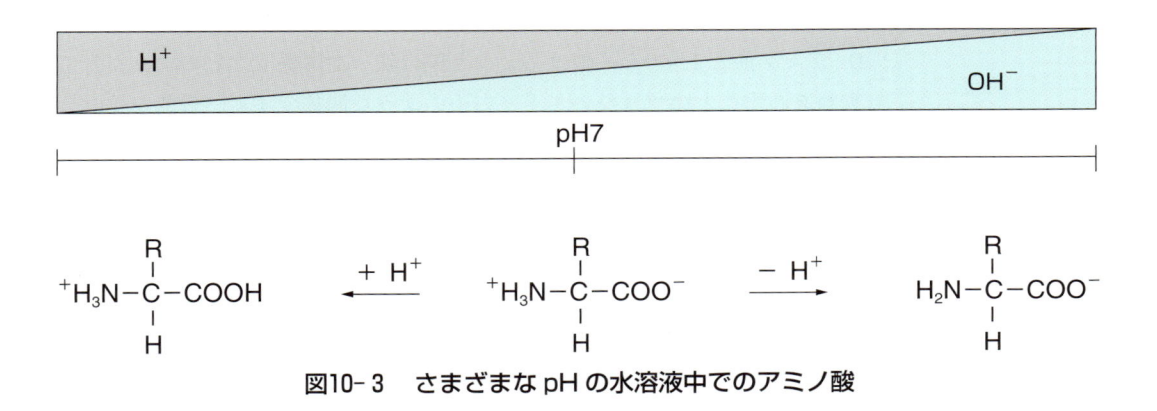

$$^+\text{H}_3\text{N}-\underset{\underset{H}{|}}{\overset{\overset{R}{|}}{C}}-\text{COOH} \quad \xleftarrow{+\text{H}^+} \quad ^+\text{H}_3\text{N}-\underset{\underset{H}{|}}{\overset{\overset{R}{|}}{C}}-\text{COO}^- \quad \xrightarrow{-\text{H}^+} \quad \text{H}_2\text{N}-\underset{\underset{H}{|}}{\overset{\overset{R}{|}}{C}}-\text{COO}^-$$

図10-3　さまざまなpHの水溶液中でのアミノ酸

　アミノ酸は，H^+のたくさんある環境（酸性水溶液中）では，アミノ基がH^+を受け取ってプラスの電荷をもつ陽イオンに，H^+の不足する環境（塩基性水溶液中）ではカルボキシ基がH^+を放出してマイナスの電荷をもつ陰イオンになります。このように，アミノ酸はpHの変化をやわらげる緩衝剤としての機能ももっています。

(2) D体とL体

　図10-1をみてみましょう。アミノ酸のα炭素は4つの異なる官能基を結合した**不斉炭素原子**＊なので，光学異性体（第7章参照）が存在します。

＊不斉炭素原子
R＝Hのグリシンを除く

◆ 2. タンパク質はアミノ酸からできている

L-アラニン　　鏡　　D-アラニン

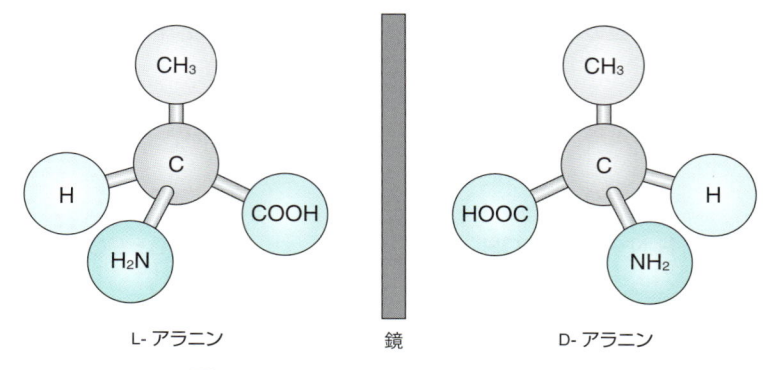

図10-4　L-アラニンとD-アラニン

　D-アミノ酸とL-アミノ酸はちょうど鏡に映った関係で，どのようにしても重ねあわすことのできない左手と右手のような関係です。一般的な化学合成では別々に合成することがむずかしいD-アミノ酸とL-アミノ酸ですが，生物界に存在するアミノ酸のほとんどはL-体で，特にタンパク質に含まれるアミノ酸は基本的にすべてL-アミノ酸です。これは，アミノ酸を合成する酵素やタンパク質を合成する酵素が，アミノ酸の立体構造を区別してL-アミノ酸を選択的に認識しているからです。

コラム　L-グルタミン酸とD-グルタミン酸

　グルタミン酸は代表的なうま味成分です。
　私たちの舌や口腔内の味蕾にはうま味受容体があります。これにグルタミン酸が結合するとその情報が知覚神経を通して脳に伝えられて，「うまい！」と感じるのですが，この味覚受容体はL-グルタミン酸とは結合しますが，D-グルタミン酸とは結合しないのです。つまり，同じグルタミン酸でも，L-グルタミン酸ナトリウムを入れると「だしが効いていておいしいな」と感じるのですが，D-グルタミン酸ナトリウムでは全然おいしくならないのですね。

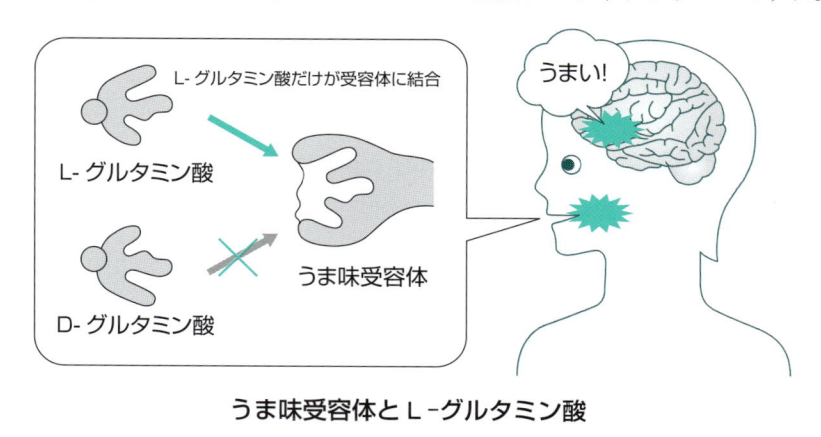

うま味受容体とL-グルタミン酸

一方で，最近の分析技術の進歩によって，一部の微生物や植物だけでなくほ乳動物にも微量のD-アミノ酸が存在し，さまざまな生理機能をもっていることが明らかとなってきました。D-セリンはほ乳動物の脳にあって，記憶，学習といった脳の重要な機能にかかわる生理活性物質であることがわかり，研究が進められています。

2 アミノ酸の分類：側鎖の性質で変わる性質

これまでみてきたようにアミノ酸には共通の性質がありますが，**側鎖**（R）の部分はそれぞれのアミノ酸で異なっていて，側鎖の構造や性質によってアミノ酸を分類することができます。

(1) 水に溶かしたときの性質で分ける

表10-2には，水に溶かしたときの側鎖の性質でアミノ酸を分類しました。

水への親和性の低い炭化水素鎖や芳香環を側鎖にもつアミノ酸は，アミノ酸自体の溶解度も低くなります。水酸基（-OH），チオール基（-SH），アミド基（-CO-NH$_2$）は，極性があって水への親和性は高いけれども，電荷はもたないため液性は中性を示す官能基です。水に溶けやすいアミノ酸でも，側鎖にカルボキシ基をもつ2つのアミノ酸（Asp, Glu）は酸性アミノ酸，またアミノ基やイミノ基をもち水溶液中で電離してプラスの電荷をもつアミノ酸（Arg, His, Lys）は塩基性アミノ酸として，別に分類することができます。

(2) 特徴的な構造をもつアミノ酸

側鎖の構造的特徴で分類することもできます（表10-3）。生体内での相互変換や代謝経路などからアミノ酸を特徴づけるときには重要な分類方法です。

(3) 特殊なアミノ酸

タンパク質に含まれるアミノ酸の中には，タンパク質として合成された後に化学変化を受けるものもあります。ヒドロキシプロリンとヒドロキシリシンは，プロリンやリシンが水酸化されたアミノ酸です。コラーゲンに多く含まれるアミノ酸ですが，遊離のアミノ酸として存在しているわけではなく，タンパク質として合成された後にプロリンやリシンの一部が酵素によって水酸化されてできます。

タンパク質の成分ではないが，広い意味でアミノ酸（アミノ基とカルボキシ基を両方もつ化合物）といえるもので，生体内で重要なものもいくつかあります。β-アラニン，γ-アミノ酪酸（GABA），タウリンなどは，筋肉や神経組織で重要な生理活性物質としてはたらいています。茶に含まれるテアニン，ニンニクに含まれるアリインなどは食品成分として重要なものです。

2. タンパク質はアミノ酸からできている

表10-2 アミノ酸の分類（水溶液にしたときの性質による分類）

名称	三文字記号	一文字記号	構造（着色範囲：側鎖（R））	等電点
非極性（疎水性）アミノ酸				
アラニン	Ala	A	$H_3C-CH(NH_3^+)-COO^-$	6.0
バリン	Val	V	$(H_3C)_2CH-CH(NH_3^+)-COO^-$	6.0
ロイシン	Leu	L	$(H_3C)_2CH-CH_2-CH(NH_3^+)-COO^-$	6.0
イソロイシン	Ile	I	$H_3C-CH_2-CH(CH_3)-CH(NH_3^+)-COO^-$	6.0
メチオニン	Met	M	$H_3C-S-CH_2-CH_2-CH(NH_3^+)-COO^-$	5.8
フェニルアラニン	Phe	F	$C_6H_5-CH_2-CH(NH_3^+)-COO^-$	6.0
チロシン	Tyr	Y	$HO-C_6H_4-CH_2-CH(NH_3^+)-COO^-$	5.7
トリプトファン	Trp	W	インドール-$CH_2-CH(NH_3^+)-COO^-$	5.9
プロリン	Pro	P	ピロリジン環-COO$^-$	6.1
極性（親水性）アミノ酸：水に溶けて中性を示す				
グリシン	Gly	G	$H-CH(NH_3^+)-COO^-$	6.0
セリン	Ser	S	$HO-CH_2-CH(NH_3^+)-COO^-$	5.9
トレオニン	Thr	T	$H_3C-CH(OH)-CH(NH_3^+)-COO^-$	6.5
システイン	Cys	C	$SH-CH_2-CH(NH_3^+)-COO^-$	5.0
アスパラギン	Asn	N	$H_2N-CO-CH_2-CH(NH_3^+)-COO^-$	5.4
グルタミン	Gln	Q	$H_2N-CO-CH_2-CH_2-CH(NH_3^+)-COO^-$	5.7
酸性アミノ酸：水に溶けて酸性を示す				
アスパラギン酸	Asp	D	$^-OOC-CH_2-CH(NH_3^+)-COO^-$	3.0
グルタミン酸	Glu	E	$^-OOC-CH_2-CH_2-CH(NH_3^+)-COO^-$	3.2
塩基性アミノ酸：水に溶けて塩基性を示す				
リシン	Lys	K	$^+H_3N-(CH_2)_4-CH(NH_3^+)-COO^-$	9.7
アルギニン	Arg	R	$H_2N-C(=NH_2^+)-NH-(CH_2)_3-CH(NH_3^+)-COO^-$	10.8
ヒスチジン	His	H	イミダゾール-$CH_2-CH(NH_3^+)-COO^-$	7.6

第10章　タンパク質・アミノ酸の化学

表10-3　アミノ酸の分類（特徴的な構造による分類）

構造の特徴	アミノ酸	
炭化水素鎖をもつ	脂肪族アミノ酸	Gly, Ala, Val, Leu, Ile
枝分かれ構造をもつ炭化水素鎖をもつ	分枝鎖アミノ酸	Val, Leu, Ile
芳香族環をもつ	芳香族アミノ酸	Phe, Tyr, Trp
水酸基をもつ	水酸化アミノ酸	Ser, Thr, Tyr
硫黄を含む	含硫アミノ酸	Cys, Met
基本構造のアミノ基がイミノ基になっている	複素環イミノ酸	Pro
カルボキシ基やその酸アミド構造をもつ		Asp, Glu, Asn, Gln
塩基性基をもつ	塩基性アミノ酸	Arg, Lys, His

コラム　等電点

　アミノ酸は両性電解質です。ごく薄い濃度で水に溶かしたとき，側鎖に電荷をもたないアミノ酸であれば，カルボキシ基のマイナスの電荷（⊖）とアミノ基のプラス電荷（⊕）がちょうどプラスマイナスゼロとなります。両性電解質において，このように分子全体として電荷の平均がゼロとなるようなpHを**等電点**とよんでいます。

　側鎖にカルボキシ基をもつアミノ酸では，水に溶かしたとき，分子中の電荷としては⊖のほうが多くなります。これに酸（H^+）を加えて水溶液を酸性にしていくと，カルボキシ基がH^+と結合してだんだん⊖が減少していき，■でちょうどプラスマイナスがゼロになります。アスパラギン酸の場合は pH3.0 でプラスマイナスがゼロになります（等電点は3.0）。

　逆に，側鎖にアミノ基やイミノ基などをもつアミノ酸では，水に溶かしたときの分子中の電荷は⊕のほうが多くなり，塩基（OH^-）を加えてH^+を減らしていくと，■でプラスマイナスゼロになります。リシンの等電点は9.7です。

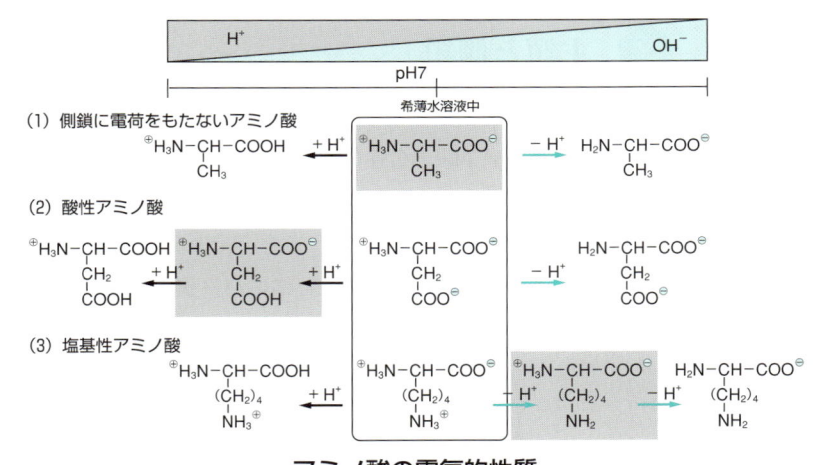

アミノ酸の電気的性質

3 タンパク質はアミノ酸が直鎖状に結合してできた高分子

1 ペプチド結合

タンパク質はアミノ酸がつながってできています。アミノ酸どうしの結合は**ペプチド結合**とよばれ，アミノ酸が共通してもっているカルボキシ基とアミノ基から水がとれてできたものです。アミノ酸がペプチド結合でつながったものを**ペプチド**といいます。アミノ酸2つがペプチド結合でつながったものをジペプチド，3つつながったものをトリペプチド，10個未満くらいがつながったものを**オリゴペプチド**，それ以上のアミノ酸がつながったものを**ポリペプチド**とよんでいます。タンパク質は，少なくとも50個以上，多くの場合100個以上のアミノ酸がつながったポリペプチドです。ペプチド中の1つ1つのアミノ酸のことを**アミノ酸残基**といいます。

図10-5 ペプチド結合

2 主鎖と側鎖

タンパク質は，ペプチド結合がつながった共通構造部分である**主鎖**（−NH−CH−CO−‥‥−NH−CH−CO−）と，各アミノ酸で異なる**側鎖**とからできています。枝分かれのない直鎖状の構造で，両端は必ず片側がアミノ基，もう片側がカルボキシ基になります。それぞれ**アミノ末端**（N末端），**カルボキシ末端**（C末端）とよばれ，タンパク質を書くときにはアミノ末端が左，カルボキシ末端が右になるように書く決まりになっています。

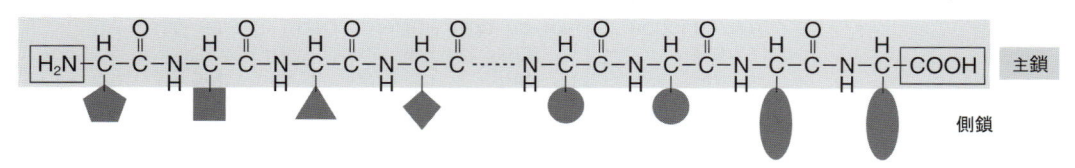

図10-6 主鎖と側鎖

3 タンパク質の性質：アミノ酸の側鎖の性質で決まる

主鎖はタンパク質に共通の構造で，タンパク質としての共通の性質を担っています。

一方，側鎖はアミノ酸によって異なるので，どんな側鎖がどんな順番で並んでいるかはタンパク質によって異なっていて，これが各タンパク質の性質を特徴づけています。疎水性アミノ酸が多く並んでいる部分は水に溶けにくくなります。細胞膜に埋め込まれているタンパク質や，リポタンパク質をつくっているタンパク質は，脂質と接触する部分に脂質と親和性の高い疎水性アミノ酸を多く含んでいます。

4 タンパク質の電気的性質

アミノ酸の基本構造にあるカルボキシ基とアミノ基は，ペプチド結合をつくるのに使われているので水溶液中でもイオンにはなりません。タンパク質中の電荷は側鎖に含まれているものです。酸性アミノ酸の側鎖にはマイナス，塩基性アミノ酸の側鎖にはプラスの電荷があります。酸性アミノ酸の数が多ければ，タンパク質全体としてはマイナスに帯電し，水溶液中に電極を入れて電圧をかけると陽極に引かれて動きます。逆に塩基性アミノ酸が多ければ，全体としてプラスに帯電しています。

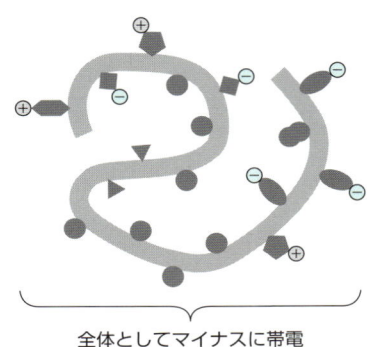

図10-7 タンパク質の電荷：タンパク質の電荷は側鎖にある

タンパク質にも等電点（コラム参照）があります（図10-8）。酸性アミノ酸が多い酸性タンパク質では，中性の水溶液中では全体としてマイナスになっていますが，酸性にしていくとマイナスの電荷が減り等電点でプラスマイナスゼロになります。等電点より酸性側のpHではさらにマイナスの電荷が減ってプラスの電荷が多くなります。塩基性アミノ酸の多いタンパク質では等電点は7よりも大きくなります。どんなタンパク質もそのアミノ酸組成によって固有の等電点をもち，等電点より酸性のpHではプラスに，塩基性のpHではマイナスに帯電しています。このようにタンパク質はpHによって，タンパク質全体の電荷のバランスが変化し，全体の形（立体構造）や性質も変化します。

表10-4 いろいろなタンパク質の等電点

タンパク質	等電点
カゼイン	4.6
卵アルブミン	4.7
ヘモグロビン	6.8
ミオグロビン	7.0
トリプシン	10.6

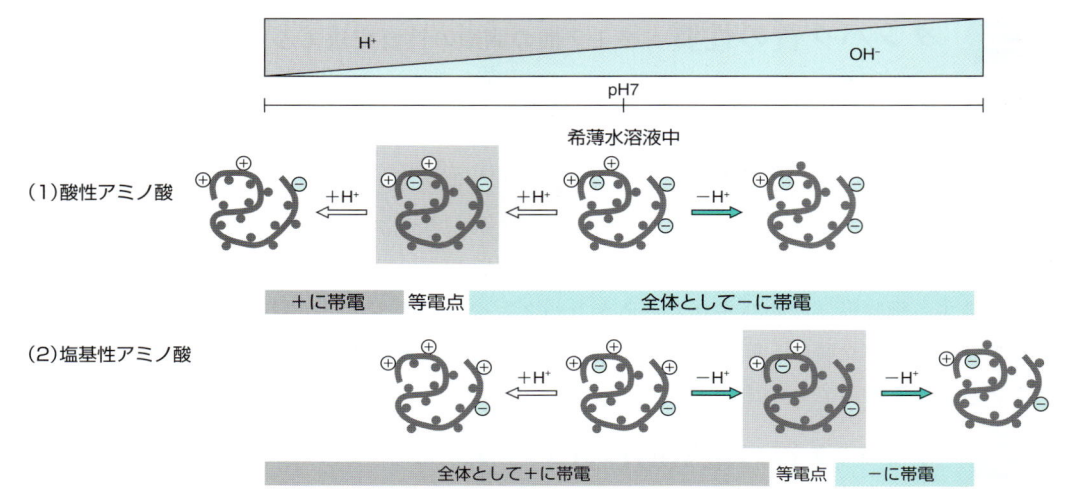

3. タンパク質はアミノ酸が直鎖状に結合してできた高分子

図10-8　pHによるタンパク質の電気的性質の変化

> **コラム　チーズづくり**
>
> 　牛乳が腐ると何やらぶつぶつと沈殿してくるのを見たことがありますか？
>
> 　実は，新鮮な牛乳でも酢を加えると同じようなことが起こります。これは，牛乳中に含まれるタンパク質であるカゼインが，pH 4.6で沈殿する性質をもっているからなのです。このように牛乳のpHを4.6に調整し，沈殿したカゼインを集めたものがカッテージチーズで，これをさらに発酵・熟成させてさまざまなチーズがつくられます。ちなみに，牛乳が腐ったときに沈殿が生じるのは，牛乳中で繁殖した乳酸菌が乳酸を産生し，これによって牛乳のpHが酸性になったからです。
>
> **カゼインの沈殿**（pH6.7／pH4.6）
>
> 　では，なぜカゼインはpH 4.6で沈殿するのでしょうか？　カゼインの等電点は4.6で，pH 4.6になるとちょうどタンパク質全体の電荷がプラスマイナスゼロになります。自然な牛乳のpHは6.7付近で，このときカゼインはマイナスに帯電しています。カゼインは疎水性アミノ酸を多く含み，牛乳に含まれる脂質と結合して大きなコロイド粒子を形成し牛乳中に分散しています。pH 6.7付近ではマイナスの電荷が互いに反発しているため，適度な大きさで牛乳中に分散できているのですが，pH 4.6になって電荷がなくなってしまうと，粒子どうしが集まって凝集し沈殿してしまうのです。タンパク質では，等電点で水への溶解度が最も低くなります。この性質を利用して特定のタンパク質だけを沈殿させて分離する方法を，**等電点沈殿法**といいます。

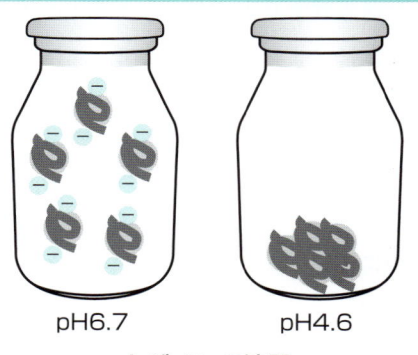

コラム　等電点を求める（等電点電気泳動）

　タンパク質の性質を左右する等電点ですが，そのタンパク質の等電点がいくつなのか，どうやったら知ることができるでしょうか？　アミノ酸組成から計算で予想することもできますが，ここでは**等電点電気泳動**によって求める方法を紹介します。

　ゲル状の担体の中にタンパク質を注入し，ゲルの両端に電圧をかけると，タンパク質はその電気的性質によってどちらかの極に移動します。プラスに帯電したタンパク質なら陰極に，マイナスに帯電したタンパク質なら陽極に，ちょうど等電点で電荷がゼロなら移動せずに止まったままというようになります。

　等電点が 4.7 のタンパク質 A の場合を考えてみましょう。

(1) pH 7.0 のゲル中では，タンパク質 A はマイナスになっているので陽極に向かって移動します。

(2) pH 4.7 のゲル中では，電荷がゼロなのでどちらにも移動しません。

(3) pH 3.0 のゲル中では，タンパク質の電荷は逆にプラスに帯電し陰極に向かって移動するようになります。では，(4) pH 1 から 14 まで少しずつ pH が変化していくようなゲルを使って電気泳動をするとどうなるでしょうか？　どこからスタートしても，タンパク質 A は pH 4.7 のところに向かって移動し，pH 4.7 のところまで移動するとそこで電荷がゼロになって止まります。このようなグラジエントゲルを使って行う電気泳動を等電点電気泳動といいます。この方法では，すべてのタンパク質は等電点になったところで止まるので，十分に泳動した後，タンパク質がどこにあるかを調べると，タンパク質の等電点を知ることができるのです。

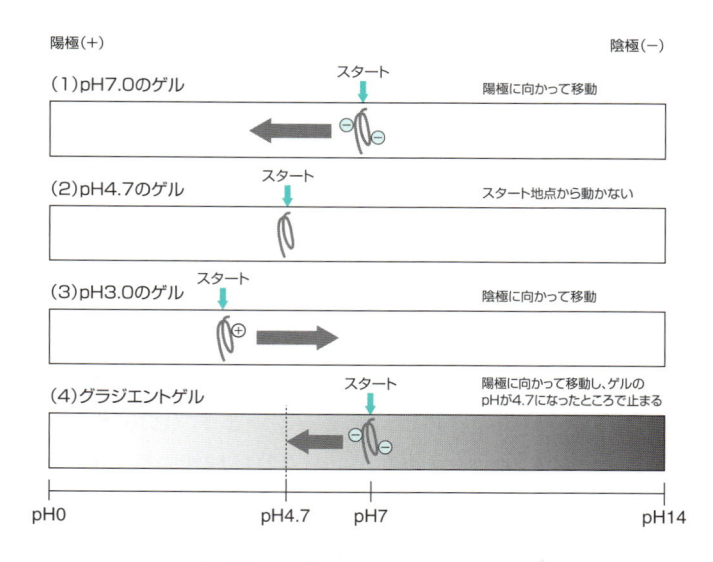

タンパク質 A（等電点4.7）の電気泳動

4. タンパク質は特定の立体構造をもっている

> **コラム** タンパク質を電気的性質で分ける：イオン交換クロマトグラフィー
>
> 　タンパク質の電気的性質を利用すると，いくつかのタンパク質が混ざった混合液から目的のタンパク質を分離することができます。プラスまたはマイナスの電荷をもつ担体をカラムに詰め，これにタンパク質の混合液を流すと，この電荷に吸着するタンパク質と吸着しないタンパク質とを分けることができるのです。担体の電荷の強さや，タンパク質水溶液のpHを工夫すると，タンパク質がカラムに吸着する強さを調節することもできます。このような分離方法を**イオン交換クロマトグラフィー**といいます。
>
> **タンパク質のイオン交換クロマトグラフィー**

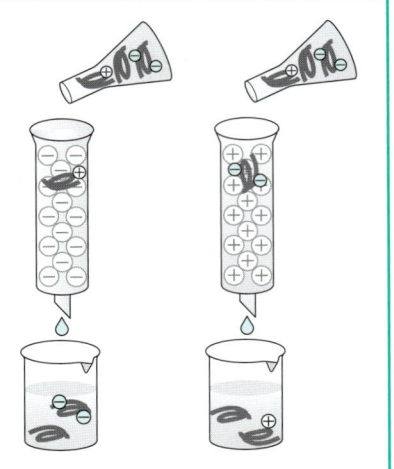

4　タンパク質は特定の立体構造をもっている

　タンパク質は100個以上のアミノ酸が直鎖状につながったものですが，長いひもの状態でふらふらしているかというとそうではなく，きちんと折りたたまれて，いつも決まった立体構造をとっています。

1　タンパク質はその機能に合った立体構造をもっている

(1)　ミオグロビン：球状タンパク質

　ミオグロビン（図10-9）は，X線回折によって最初に立体構造が解明されたタンパク質です。筋肉内で酸素を一時的に貯蔵するはたらきをもつタンパク質で，球状の立体構造をもっています（図10-9（B））。一般に，細胞質ゾルなどに存在する水溶性タンパク質は球状の構造をもつものが多いのですが，これは，疎水性アミノ酸の多い水に溶けにくい部分を内側に，そのまわりを親水性アミノ酸を多く含む部分で包むような形をつくろうとすると，球状になるのが効率がいいからだといわれています。また，ミオグロビンはヘモグロビンと同様，酸素と直接結合するヘム（図の着色部分）を結合していますが，このヘムは疎水性であり，中心部分の疎水性ポケットにきっちりと収まっています。

第10章 タンパク質・アミノ酸の化学

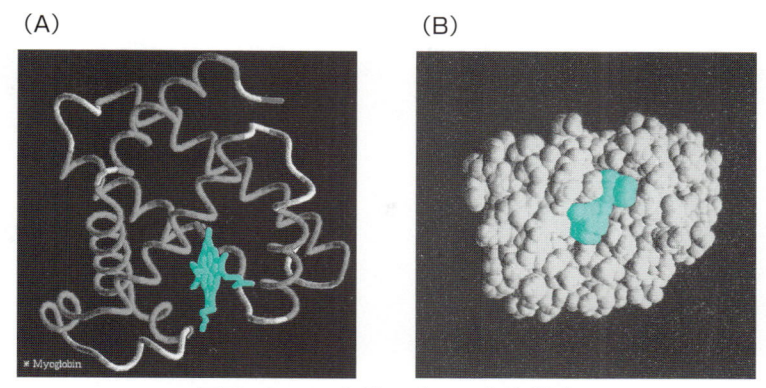

図10-9 ミオグロビンの立体構造
(A) ミオグロビンのひも状モデル：主鎖を1本のひもとして表したもの (B) ミオグロビンの空間充填モデル：実際の分子に近いモデル
(Richard J. Feldmann 提供／J. David Rawn "Biochemistry" より引用)

(2) アクアポリン：細胞膜結合タンパク質

アクアポリンは，細胞膜中に埋め込まれた状態で存在する水チャネル（水を通す穴）です。細胞膜は脂質でできているので，細胞膜と接している部分は疎水性アミノ酸を多く含んでいます。中心部は水を通しやすいような筒状の空間ができていて，中心部に，水とちょうどうまく結合できる親水性の手

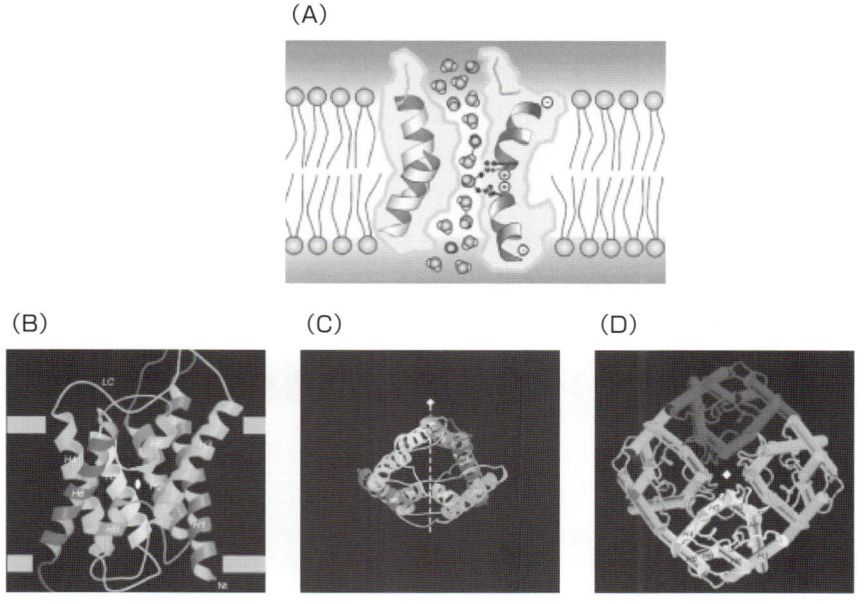

図10-10 アクアポリン1（AQP1）の立体構造
(A) 細胞膜に埋め込まれたAQP1の模式図。(B) AQP1のリボンモデル：横から見た図，(C) 上から見た図，(D) 四量体を上から見た図：AQP1は4つ集まって機能している。
(Kazuyoshi Murata et.al., Nature, 407：599-605（2000）より引用)

4. タンパク質は特定の立体構造をもっている

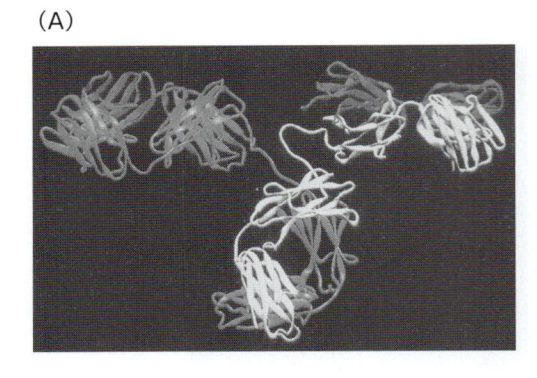

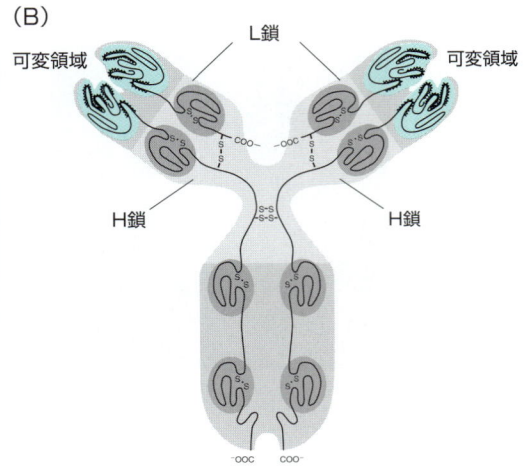

(A) 　　　　　　　　　　　(B)

図10-11　免疫グロブリンの立体構造
(A) H鎖2本とL鎖2本からなる四量体のリボンモデル（Alexander McPherson 提供）と（B）模式図（Irving Geis 提供）：可変領域を ■ ，定常領域を ■ で示す。
（いずれも Donald Voet *et al.* "Fundamentals of Biochemistry" より引用）

のような部分があります。一般的に，疎水性のアミノ酸を多く含む配列（疎水性領域）が規則的にいくつか並んでいる場合は，細胞膜結合タンパク質であることが多く，疎水性領域が並んで穴や機能的構造をつくっています。

(3) 免疫グロブリン：機能性タンパク質

　免疫グロブリンはいわゆる「抗体」です。ウィルスや微生物など外からの侵入物と結合してその形を覚え，次に同じものがやってきたときにその侵入物をいちはやく認識して，分解排除するのに活躍します。侵入物の形を覚える部分は可変領域（図10-11（B））とよばれ，繊細な形の変化に対応できるような複雑な構造をもっています。このほか，酵素の活性部位などのように特殊な機能を発揮する部分には，その機能に適したアミノ酸がちょうどよい場所に配置されています。

2　タンパク質の立体構造を維持する力

　タンパク質の立体構造がいつも決まって崩れないのはなぜでしょうか？リボンモデルやひも状モデルでみていると，このままの形をどうやって維持するのか不思議な気がしてきます。実際のタンパク質は，図10-9（B）のようにかなりきっちり詰まった状態ですが，それでも長い1本のひもであるタンパク質が，いつも決まった立体構造に折りたたまれ，そしてそれを維持するためにはあちこちにさまざまな力がはたらいています。

第10章　タンパク質・アミノ酸の化学

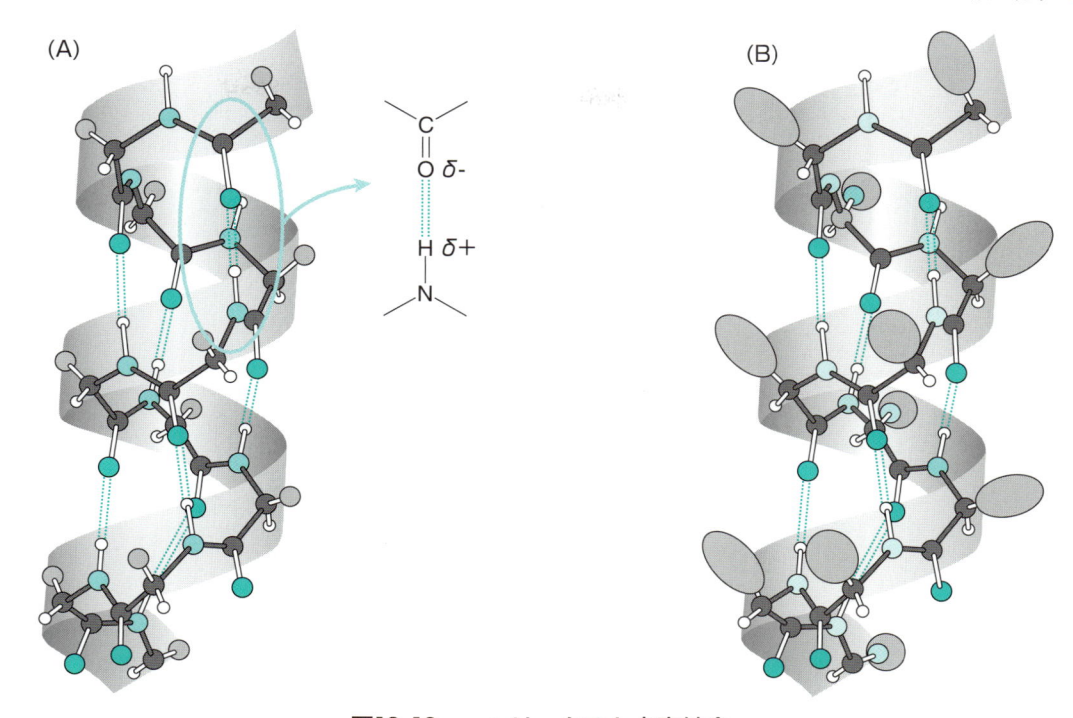

図10-12　αヘリックスと水素結合
(A)　αヘリックスの詳細：主鎖の構造。点線は水素結合（Irving Geis 提供）(B)　側鎖（●）を付け加えた模式図

(1) 水素結合

ミオグロビン（図10-9（A））とアクアポリン（図10-10（B））をみてみると，らせん状の構造がいくつも組み合わさって全体の形ができあがっているのがわかります。このらせん構造は，多くのタンパク質に共通して見られる構造で，**αヘリックス**とよばれています。この**αヘリックス**がいつも決まった半径でらせんをつくり，いつも安定したらせん状態を維持しているのは，**水素結合**があるからです。

水素結合は，タンパク質や核酸など生体内の高分子が立体構造を維持するための重要な接着剤です。タンパク質では，主鎖にくり返し出てくる−N−Hと O＝C−の間にできます。−N−H は，N と H の間の共有結合でのわずかな電子のかたよりによって，H がごくわずかにプラス（δ＋）に帯電しているのですが（第2章参照），このような H が，同様にわずかにマイナス（δ−）を示す原子の近くにあると，お互いに引きあう力がはたらきます（図10-12（A））。

αヘリックスでは，側鎖はらせん面から外に向かって放射状に出る形になっていて，側鎖どうしの立体障害は少なくなっています（図10-10（B）参照）。

139

4. タンパク質は特定の立体構造をもっている

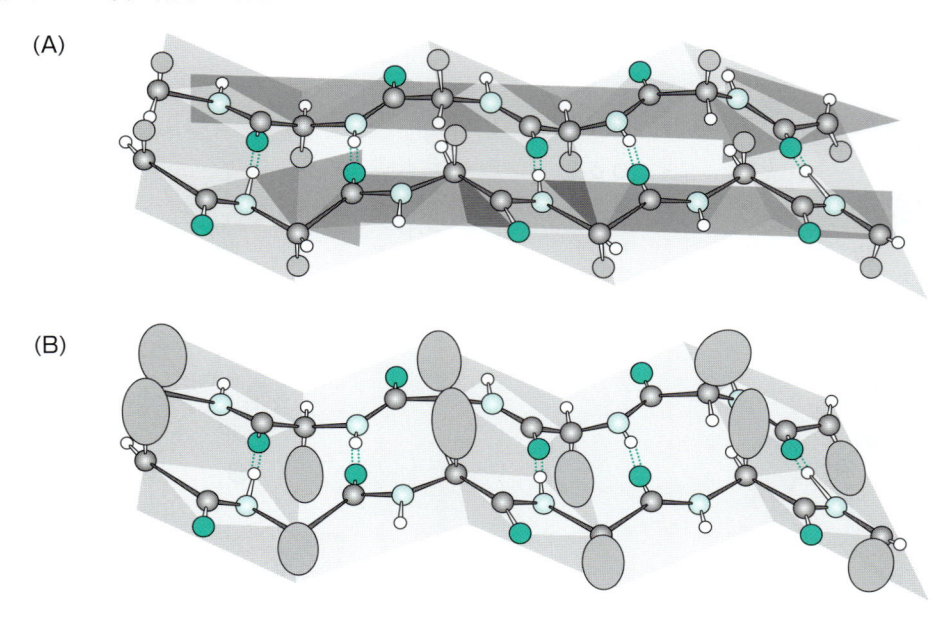

(A)

(B)

図10-13　β シートと水素結合
(A) 2本のポリペプチド鎖で形成された β シート構造．点線が水素結合（Irving Geis 提供）．(B) 側鎖（◯）を付け加えた模式図

　一方，免疫グロブリン（図10-11（A））には，タンパク質がていねいに折りたたまれて平面上になった構造がいくつもみられます．これは β シートとよばれ，これも多くのタンパク質の中に共通してみられる構造です．-C＝O と H-N- の間にできる規則的な水素結合によって，プリーツ状のきれいなシートが形成されます．図10-13（A）のような逆向きの主鎖が並んでつくるシート（逆平行）のほか，同じ向きに並んでできるシート（平行）もあります．β シートでは，側鎖はシートの上と下に交互に飛び出す形になるのですが，隣りあう2本の側鎖の位置が近く，大きな側鎖は立体障害が大きく自由度が小さくなります．

　水素結合は1つ1つは弱いものですが，α ヘリックスや β シートのように，いくつもの水素結合が規則的に並ぶととても強いものになります．

(2) 疎水結合

　油滴は水の中では小さいままではいられずに，集まって大きな塊になります．水に溶けにくいものや溶けにくい部分（疎水性部分）は集まって，なるべく水と接する面を小さくする傾向があるのです．このように，疎水性部分が水溶液中で集まろうとする力を **疎水結合** あるいは **疎水性相互作用** といいます．疎水結合は，まわりに水がないと起こらない現象で，引きあうというより水から排除されたものが集まるというタイプの非常に弱い相互作用なのですが，球状タンパク質の形を維持するのに重要な力の1つになっています．

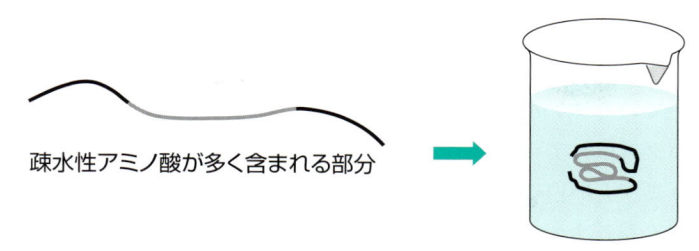

疎水性アミノ酸が多く含まれる部分

疎水性部分は水の中では、互いに集まる。

図10-14　疎水結合（疎水性相互作用）
水溶液中では，疎水性のアミノ酸の側鎖はなるべく内側に集まろうとする。

（3）電気的引力

酸性アミノ酸や塩基性アミノ酸の側鎖に含まれるプラスの電荷とマイナスの電荷が引き合う力です。水素結合や疎水結合よりずっと強い結合で，数は少ないですが，要所要所での接着剤として重要な役割を果たしています。

（4）ジスルフィド結合

免疫グロブリンの模式図（図10-11（B））をみてましょう。2本の長いH鎖と2本の短いL鎖と，計4本のポリペプチドからできていますが，それぞれのポリペプチドは-S-S-で架橋されてつながっています。また，折りたたまれたβシート構造の根元も-S-S-で固定されています。この-S-S-は**ジスルフィド結合**（またはS-S結合：エスエス結合）とよばれ，硫黄原子どうしの間にできる共有結合で，これまでみてきたタンパク質を維持する力の中では，最も強くて安定な結合です。

ジスルフィド結合は，$-CH_2-SH$ の側鎖をもつアミノ酸システイン（Cys）2つの間にできる結合です。-SH2つから-S-S-ができる反応は酸化反応で，-S-S-結合を切断するには還元剤が必要です。

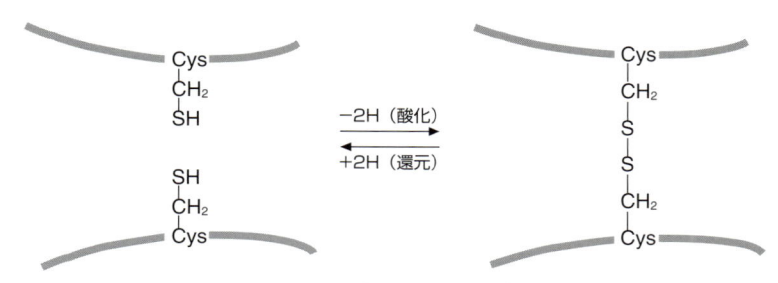

図10-15　ジスルフィド結合

3　タンパク質の変性：立体構造が変わると機能や性質が変化する

タンパク質は，それぞれ決まった立体構造をもち，そのはたらきや存在する環境に見合った形をしています。抗体（図10-11）や酵素のような機能タ

4. タンパク質は特定の立体構造をもっている

ンパク質は，結合部位の形が変わると，相手と結合できず機能が損なわれます。開いたり，閉じたりと，環境に応じて立体構造を変えて機能を変化させながらはたらいているタンパク質もあります。

多くのタンパク質は，アミノ酸配列に変化がなくても，立体構造が変わると性質が変わります。卵白は生では透明でドロッとした液体状ですが，加熱すると，白く固くなりますね。これは卵白に含まれるアルブミンというタンパク質の立体構造が，加熱によって変化してしまったからです。このように，タンパク質の立体構造が変化して性質が変化することを**タンパク質の変性**といいます。

タンパク質が変性すると，タンパク質の機能が変化するだけでなく，水に溶けにくくなったり（溶解度の変化），固くなったり（物性の変化），消化されやすくなったり（酵素作用の受けやすさの変化）します。

(1) 加熱による変性（熱変性）

加熱すると，タンパク質内部の動きがさかんになり，水素結合などの弱い結合が切断されて立体構造が変化します（図10-16 (a)）。水素結合は，タンパク質の立体構造を支える力の中では比較的弱い結合ですが，最も多く含まれる結合でもあり，これが切断されると，立体構造は致命的に変化してしまいます。

肉や卵などの加熱による変化もタンパク質の変性ですが，牛乳を温めたときに表面にできる膜も，タンパク質が変性したものです。湯葉は，豆乳を加熱して表面にできるタンパク質の膜を集めてつくったものです。

変性して立体構造が適度にゆるむと，一般的に消化酵素による分解を受けやすくなるので，消化はよくなります。卵白は，半熟の状態が最も消化がよいといわれていますが，これは，半熟の状態で，タンパク質の立体構造が適度にゆるんだ状態になっているからだと考えられます。

(2) pHの変化による変性

サバやコハダなどの酢〆めは酢によるタンパク質の変性を利用したものです。

pHが変化すると，タンパク質の電荷も変化します（図10-8，10-16 (b)）。プラスの電荷をもつ側鎖とマイナスの電荷をもつ側鎖の間にはたらく引力が立体構造を安定させているとき，pHが変化してマイナスの電荷がなくなり，代わりに近くにプラスの電荷が生じてしまったりすると，今度はプラスとプラスの反発力がはたらいてしまい，立体構造に変化が出てしまいます。

(3) 塩濃度の変化による変性

水素結合や電気的引力など，プラスとマイナスが引き合う力は，まわりにプラスやマイナスの電荷をもつイオンがたくさんあると，それらに引っ張ら

れて弱くなる傾向があります。このため，塩濃度の濃い溶液中では，タンパク質は変性しやすくなります。逆に塩濃度環境が薄すぎて変性してしまうこともあります。

(4) 溶媒の変化による変性

タンパク質内部の疎水結合の強さは，周囲の溶媒の性質が変化すると変化します（図10-16（c））。

有機溶媒中では，タンパク質内部に集まっていた疎水性部分は，外側に露出したほうが安定なのです。また，タンパク質はまわりの水分子とも弱い水素結合をして，その立体構造を保っています。水分子がエタノールなど別の分子になると，このバランスがくずれて，形が変わってしまう場合があります。

(5) その他：凍結，乾燥，圧力などによる変性

タンパク質は，凍らせたり乾燥させたりすることによっても変化します。

乾燥させることは，タンパク質の周囲にある水分子を取り除いてしまうことなので，溶媒を変化させたときと同じようなことが起こります。タンパク質を含む溶液を泡立てたりしても同様です。凍らせることによって，変性してしまうタンパク質もあります。水は凍ると体積が変化するため，タンパク質に加わる圧力が変化することになります。

(6) 還元剤の影響

還元剤を加えると，ジスルフィド結合が還元されて切断されます（図10-15，図10-16（d））。切断後に再び酸化するとジスルフィド結合は再び形成されますが，このとき-S-S-の組み合わせが変わるとタンパク質の立体構造が変わってしまうことになります。

この原理を利用しているのがパーマです。髪の毛の主要タンパク質であるケラチンは，システイン含量が高く，ジスルフィド結合を多く含んでいます。このジスルフィド結合をいったん切断して，組み合わせを変えて再形成してやるのです。最近では，ジスルフィド結合だけでなく，水素結合もいったん切断することによって，立体構造の変化を完全にするようなデジタルパーマとよばれる方法も開発されています。

4. タンパク質は特定の立体構造をもっている

加熱による変性(a) 　熱を加えることによって水素結合が壊れる。

pHの変化による変性(b) 　H⁺ 酸を加える 　pHの変化によって電荷が変化すると、立体構造も変化する。

溶媒の変化による変性(c) 　水の中では、疎水性部分は内側に集まっている。　周りに水が無いと、疎水結合は弱まる。

還元剤の影響(d) 　還元 　還元剤によって、ジスルフィド結合が切断される。

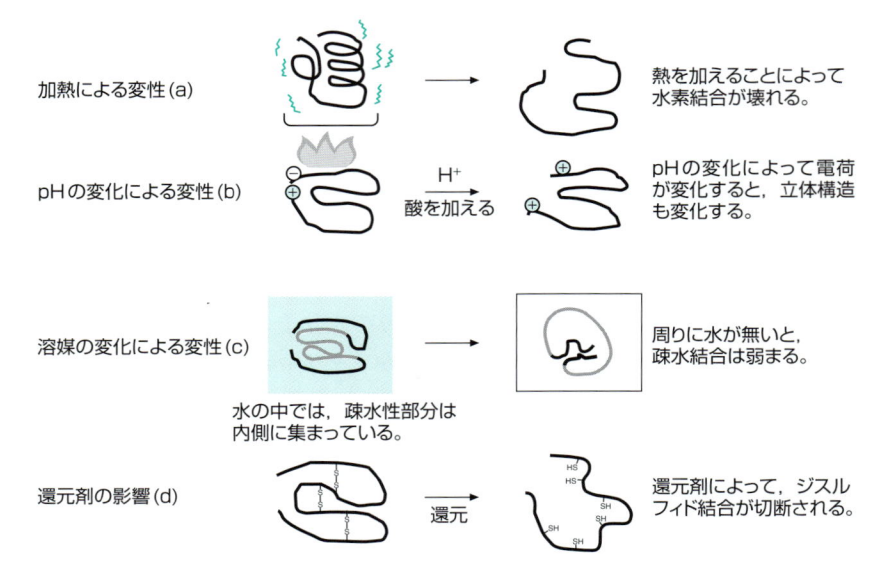

図10-16　タンパク質の変性のしくみ

コラム　高野豆腐を豆腐に戻すことができるか？

　高野豆腐は豆腐を凍らせた後そのまま乾燥させることによってつくります。豆腐に含まれるタンパク質は、凍結時に変性し、また乾燥することによってさらに変性します。

　高野豆腐を水で戻しても豆腐の食感が戻ってくることはないですよね。変性してしまったタンパク質は、あたかも違うタンパク質になってしまったようで、もとには戻らないように見えます。でも、アミノ酸どうしの結合が切れてしまったわけではありません。いったん、すべての相互作用から解放して1本のヒモ状にし、もとの安定な立体構造にゆっくりと戻れるような適当な条件をみつけることができれば、もとの豆腐のタンパク質に戻すことも可能です。加熱して白く固まった卵白などについても、同様のことがいえます。このように、タンパク質の変性は、原理的にはもとに戻すことが可能な可逆的変化です。

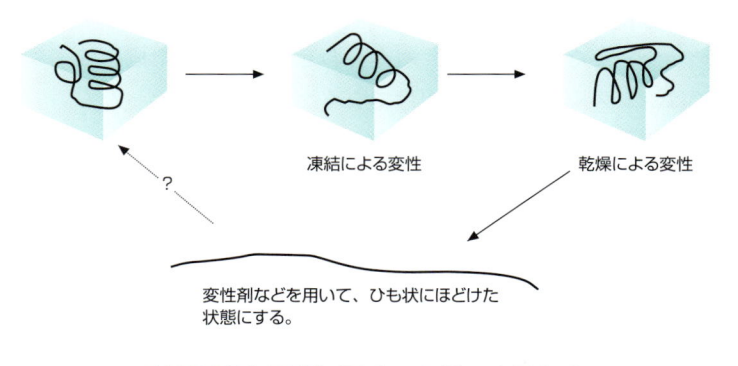

凍結による変性　　乾燥による変性

？

変性剤などを用いて、ひも状にほどけた状態にする。

高野豆腐を豆腐に戻すことができるか？

第11章　核酸の化学

　私たちの体内では細胞が絶えず分裂して増え，その1つ1つが栄養分を吸収しながら再生と分解（新陳代謝）をくり返しており，脳細胞や一部の細胞を除いたすべての細胞がおよそ4か月で新しい細胞に生まれ変わっています。
　このような生命維持の根源物質となるのが遺伝情報を担う物質である核酸で，DNA（デオキシリボ核酸）とRNA（リボ核酸）に大別されます。生体内では高エネルギー物質のATPやある種の補酵素の成分となっています。また，かつお節，煮干し，肉などに多く含まれており，代表的なうま味調味料の成分でもある5′-イノシン酸ナトリウムや5′-グアニル酸ナトリウムも核酸です。

1　核酸の基本構造

　核酸は図11-1のように五炭糖，塩基およびリン酸からできています。五炭糖にはD-リボースと2′-デオキシ-D-リボースの2種があり，RNAにはD-リボース，DNAには2′-デオキシ-D-リボースが含まれています。塩基には5種類があり，プリン塩基とピリミジン塩基に分類され，プリン塩基にはアデニン（A）とグアニン（G）が，ピリミジン塩基にはシトシン（C），チミン（T），ウラシル（U）があります（図11-2）。RNAではA, G, C, U，DNAではA, G, C, Tが含まれます。D-リボースや2′-デオキシ-D-リボースの1′位に塩基が結合した化合物をヌクレオシド（nucleoside）といい，ヌクレオシドの5′位にリン酸がエステル結合した化合物をヌクレオチド（nucleotide）といいます。核酸（DNAやRNA）は，一方のヌクレオチドの3′位と他方のヌクレオチドの5′位にあるヒドロキシ基がリン酸で結ばれたホスホジエステル結合（リン酸ジエステル結合）によって結合されたヌクレオチド単位が長く連結した直鎖状の高分子化合物です。したがって，核酸骨格の両端には5′-末端と3′-末端があることになります。

◆ 1. 核酸の基本構造

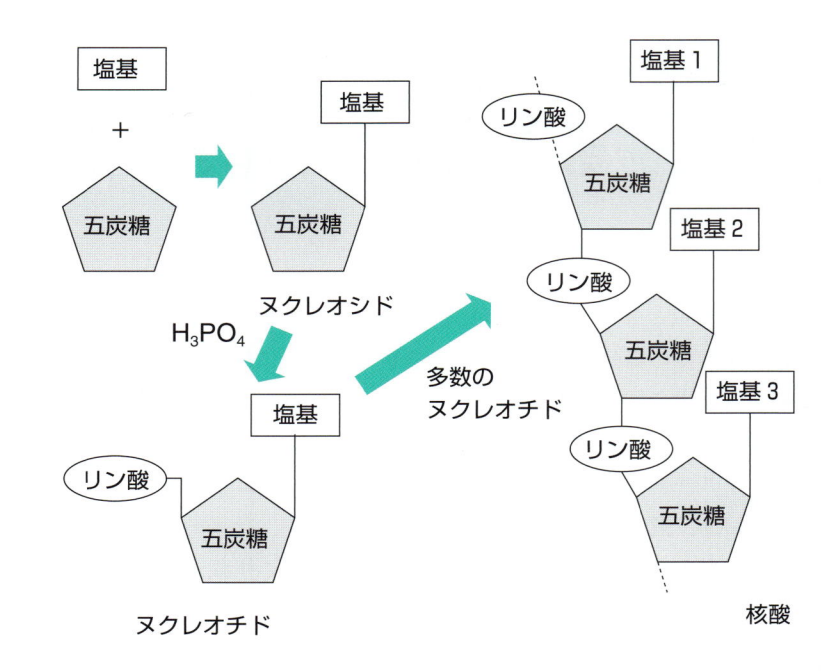

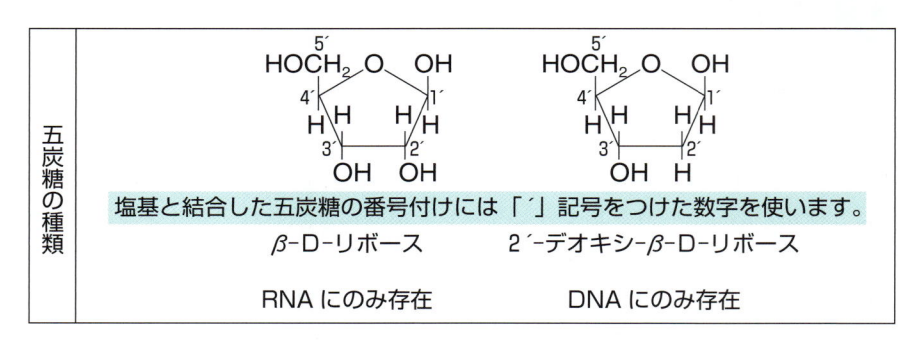

図11-1　核酸の基本構造

五炭糖の種類：
- β-D-リボース　RNAにのみ存在
- 2´-デオキシ-β-D-リボース　DNAにのみ存在

塩基と結合した五炭糖の番号付けには「´」記号をつけた数字を使います。

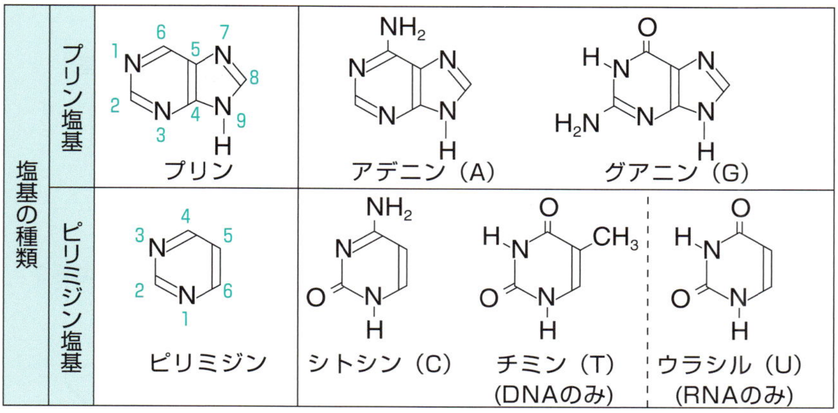

図11-2　核酸の塩基の種類

2　デオキシリボ核酸（DNA）

　RNA の 2′ 位のヒドロキシ基が水素に置き換わったものが DNA（deoxyribonucleic acid）です。デオキシという名称は，ヒドロキシ基の酸素をとり除いたという意味です。

　DNA は細胞の核や核様体に存在する遺伝情報を担うゲノムの実体であり，ミトコンドリアや葉緑体にも少量の DNA が存在しています。

　塩基の配列順序を DNA の 1 次構造といい，遺伝子部分はタンパク質や RNA の 1 次構造を指定しています。

　組成的にはプリン塩基とピリミジン塩基の含量が等しく，実際には，アデニンとチミンの量が等しく，グアニンとシトシンの量が等しくなっています。

　1953年にワトソンとクリックにより，20世紀最大の発見といわれる重大な発見である細胞の中の核酸（DNA）の分子構造が明らかにされました。最近の遺伝子工学や遺伝子治療のすばらしい発展はすべてこの発見が基礎になっているのです。

　DNA は RNA と異なり，2 本の鎖が逆向きにからみ合った二重らせん構造（double helix）をとっています（図11-3）。2 本のポリヌクレオチド鎖の A と T，G と C がそれぞれ 2 本と 3 本の水素結合により塩基対を形成しています。二重らせんの直径は20 nm，1 巻きが34 nm で10塩基対に対応しています（1 塩基対で36°回転）。DNA の 2 本の鎖はこの相補的な塩基対のために互いに相手の鎖を認識できるようになっています。

2. デオキシリボ核酸（DNA）

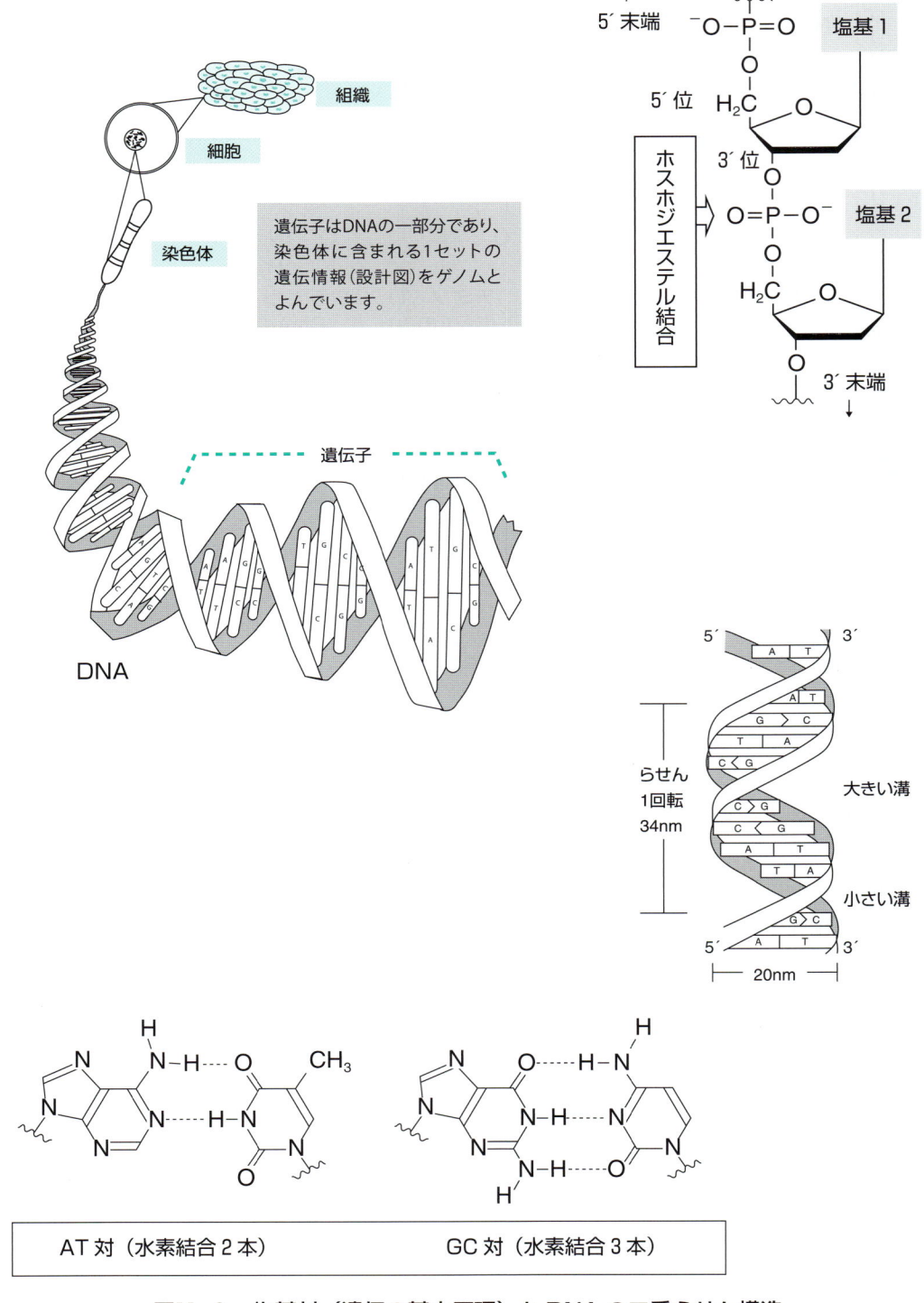

遺伝子はDNAの一部分であり、染色体に含まれる1セットの遺伝情報（設計図）をゲノムとよんでいます。

図11-3　塩基対（遺伝の基本原理）とDNAの二重らせん構造

3　リボ核酸（RNA）

　RNA（ribonucleic acid）はDNAと異なり，五炭糖としてD-リボースをもち，塩基としてA，G，U，Cで構成されています。通常1本鎖として存在していますが，分子内での相補的塩基間で水素結合を形成することでループをつくり，複雑な3次構造をもつようになります。リボースの2′-位の**OH**のためにDNAに比べて不安定です。

　RNAはDNAの鎖と相補的な鎖として合成されます。おもなRNAには，**メッセンジャーRNA（mRNA：伝令RNA）**，**トランスファーRNA（tRNA：転移RNA）**，**リボソームRNA（rRNA）**の3種がありタンパク質の生合成に関与しています。真核細胞では他にmRNA前駆体であるヘテロ核RNA（hnRNA）とRNAの加工に関与するスモール核RNA（snRNA）も存在しています。

4　アデノシン三リン酸（ATP）

　ATPはアデニン（塩基）とリボース（糖）からなるアデノシンの5′-ヒドロキシル基にリン酸基が3分子連続して結合した構造をとるヌクレオチドです（図11-4）。正式名は**アデノシン-5′-三リン酸**で**ATP**（adenosine triphosphate）と略記します。

　このリン酸とリン酸との結合を**高エネルギーリン酸結合**といい，この結合が加水分解によって切れて**ADP（アデノシン二リン酸）**と無機リン酸になるときにエネルギーを放出し（ATP1モルあたり7〜10 kcal），これが生命活動に使われます。つまり，ATPとはエネルギー貯蔵物質で，生物はATPのエネルギーで筋収縮や代謝などの活動をするためATPは生物の**エネルギー通貨**といわれています。生物の活動によって失われたATPは，生体内では糖や脂質などの有機物を酸化することでつくられています。

　結合している3個のリン酸のもつ合計4個の**OH**基は，生理的条件下では解離していて，4価のマイナスイオンであるポリアニオンの形になっています。隣接する負電荷の間には静電的反発力が大きくはたらいており，不安定な状態になっています。ATPが加水分解してADPになると静電反発が解消されるため安定性が増すので，高エネルギー物質としてはたらくことができるというわけです。

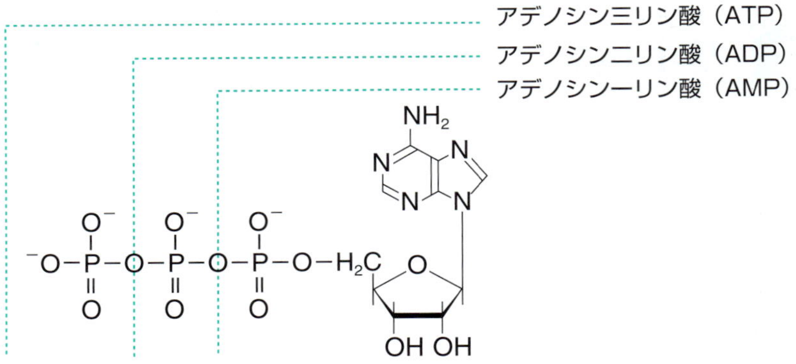

◆ 5. 核酸系うま味物質

アデノシン三リン酸（ATP）
アデノシン二リン酸（ADP）
アデノシン一リン酸（AMP）

図11-4　ATPの構造

5　核酸系うま味物質

　プリンヌクレオチドにはうま味物質のあるものがあります。かつお節や煮干しなど肉類や魚類に含まれるイノシン酸，干ししいたけやきのこ類のグアニル酸，貝や甲殻類に多いアデニル酸が代表的なものです（図11-5）。

　寄せ鍋は，肉・魚・野菜・貝類・きのこ類などいろいろな具材を入れるほど味が深まります。肉や魚の動物性の材料（核酸が主）と，野菜などの植物性の材料（アミノ酸が主）を組み合わせて用いるのは，アミノ酸系（グルタミン酸）と核酸系のうま味物質を合わせて使うことにより，うま味を増強することができるうま味の相乗効果を利用するためです。

　昆布，トマト，白菜やチーズなどに含まれるグルタミン酸ナトリウムにイノシン酸やグアニル酸ナトリウムを加えていくと，15％程度まではうま味の強さは急上昇しますが，それ以上では増強度合いは緩やかになり，等重量の混合で最高に達します。昆布とかつお節を使う日本料理のだしや，トマトと牛すね肉を煮込む西洋料理や，白菜と鶏肉を用いる中華料理はこの効果を引きだすものです。うま味調味料はこの性質を利用したものです。

　イノシン酸もグアニル酸も核酸成分の分解物です。カツオなどの魚のうま味とされるイノシン酸は，魚が生きているうちは肉質内には存在しません，魚が死ぬと筋肉中の酵素がはたらきはじめ，ATPを分解していき，このような自己消化の過程のある時期（死後硬直が消失したころ）に，イノシン酸は形成・蓄積されます。イノシン酸は，水分が多い状態では細菌などによりさらに分解され，イノシン酸から苦味や渋味をもつイノシンやヒポキサンチンになり，さらに尿酸や尿素に変化していやなにおいを与えるようになってしまいます。

> **コラム　基本味**
>
> 　ヒトは食品中に存在するさまざまな呈味成分の総合効果として味を感じています。基本の味として，**甘味，酸味，苦味，塩味，うま味**があることが国際的に認められています。辛味や渋味は基本味ではなく，口腔内や舌表面に分布している神経細胞が刺激されることで感じるものです。複数のある種の味物質が共存するときに，対比効果，抑制効果，変調効果，相乗効果などの味の相互作用が現れることがあります。

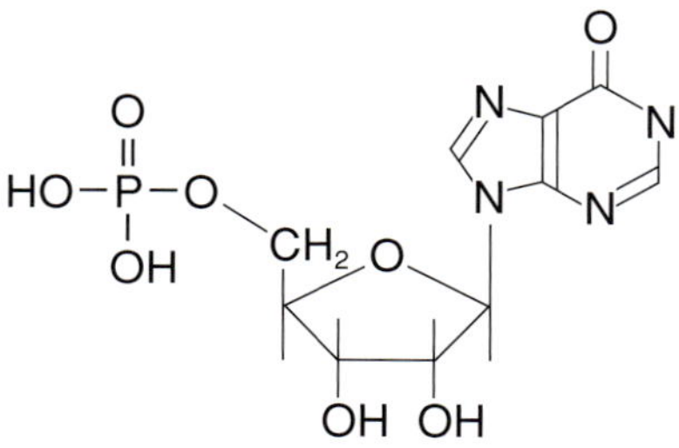

5´-IMP
5´-イノシン酸

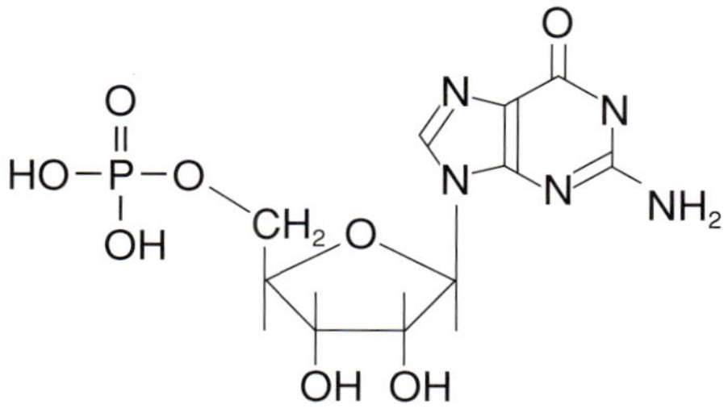

5´-GMP
5´-グアニル酸

図11-5　核酸系うま味物質の例

> **よく使われる核酸成分の略号**
> ATP：アデノシン-5´-三リン酸
> ADP：アデノシン-5´-二リン酸
> 5´-AMP：アデノシン-5´-一リン酸（5´-アデニル酸）
> 5´-GMP：グアニン-5´-一リン酸（5´-グアニル酸）
> 5´-IMP：イノシン-5´-一リン酸（5´-イノシン酸）

索 引

欧文

ADP ················· 149
ATP ················· 149
cis‑trans 異性体 ········· 78
C_nH_{2n} ················· 76
DNA ················ 145
Fischer 投影式 ··········· 91
Haworth 透視式 ··········· 91
IUPACK 名 ············· 74
K 殻 ·················· 9
L 殻 ·················· 9
M 殻 ·················· 9
mRNA ··············· 149
n‑3系脂肪酸 ··········· 115
n‑6系脂肪酸 ··········· 115
N 殻 ·················· 9
O/W 型エマルション ····· 123
pH ·················· 56
pH 指示薬 ············· 57
pH メーター ············ 57
RNA ················ 145
R‑O‑R´ ·············· 82
rRNA ··············· 149
tRNA ··············· 149
W／O 型エマルション ····· 123
α‑アミノ酸 ············ 126
α, α‑トレハロース ······· 101
α デンプン ············· 104
α ヘリックス ··········· 139
β シート ·············· 139
β デンプン ············· 104

ア

アクアポリン ··········· 137
アシル‑CoA ············ 83
アセチル‑CoA ·········· 83
アデノシン二リン酸 ······ 149
アデノシン‑5´‑三リン酸 ··· 149
アトウォーター係数 ······· 51
アノマー水酸基 ·········· 91
アボガドロ定数 ·········· 28
アボガドロの法則 ········· 7

アミド化 ·············· 87
アミノ酸残基 ·········· 132
アミノ糖 ·············· 99
アミノ末端 ············ 132
アミロース ············ 104
アミロペクチン ········· 104
アラビノース ··········· 96
アルカリ金属 ············ 11
アルカリ性 ············· 53
アルカリ土類金属 ········ 12
アルカン ·············· 73
アルキル基 ············· 75
アルキン ············ 73, 76
アルケン ············ 73, 76
アルコール ············· 80
アルダル酸 ············· 98
アルデヒド ············· 83
アルドース ············· 91
アルドン酸 ············· 97

イ

硫黄原子 ·············· 80
イオン ················ 7
イオン結合 ············· 18
イオン交換クロマトグラフィー
 ··················· 136
イオン反応式 ··········· 46
イソマルトース ········· 100
一価不飽和脂肪酸 ······· 111
陰イオン ··············· 7

ウ

うま味 ··············· 151
うま味調味料 ·········· 150
うま味物質 ············ 150
ウロン酸 ·············· 98

エ

エーテル ·············· 82
液体 ················· 26
エステル ··········· 83, 86
エステル交換 ·········· 122
エナンチオマー ·········· 88

エネルギー通貨 ········· 149
エノール形 ············· 84
エノラートアニオン ······· 84
エマルション ·········· 123
塩 ··················· 57
塩基 ················· 53
塩基性 ··············· 53
遠心分離法 ·············· 4
延性 ················· 22
エンタルピー ··········· 48
エントロピー ··········· 49
塩味 ················ 151

オ

オリゴ糖 ············ 94, 99
オリゴペプチド ········· 132
オルト ················ 78

カ

化学反応式 ············ 43
化学変化 ·············· 43
化合物 ················ 3
過酸化物価 ············ 119
価数 ··············· 53, 55
活性化エネルギー ········ 51
褐変化 ················ 84
価電子 ············· 10, 19
果糖 ··············· 91, 96
ガラクトン酸 ··········· 98
ガラクツロン酸 ·········· 98
ガラクトース ··········· 95
カルボキシ末端 ········· 132
カルボキシラートアニオン ··· 86
カルボキシ基 ··········· 85
カルボニル価 ·········· 119
カルボニル基 ··········· 83
カルボン酸 ·········· 83, 84
還元 ················· 60
還元剤 ················ 63
還元糖 ················ 93
緩衝液 ················ 58
緩衝作用 ·············· 58
官能基 ················ 70

153

索　引

キ
甘味 ･････････････････ 151
慣用名 ･････････････････ 74

希ガス ･････････････････ 12
器官 ･･･････････････････ 65
器官系 ･････････････････ 65
基礎代謝量 ･････････････ 51
キシリトール ･･･････････ 97
気体 ･･･････････････････ 26
気体の状態方程式 ･･･････ 32
気体反応の法則 ･････････ 6
キチン ･････････････････ 107
規定度 ･･･････････････ 37, 55
キトサン ･･･････････････ 107
機能性タンパク質 ･･･････ 138
希薄溶液 ･･･････････････ 35
吸収 ･･･････････････････ 65
球状タンパク質 ････････ 136
吸熱反応 ･･･････････････ 48
強塩基 ･････････････････ 55
凝固点降下 ･････････････ 36
強酸 ･･･････････････････ 54
鏡像体 ･････････････････ 88
共役二重結合 ･･･････････ 78
共有結合 ･･･････････････ 19
極性 ･･･････････････････ 22
極性分子 ･････････････ 22, 34
キラル ･････････････････ 88
キラル中心 ･････････････ 88
銀鏡反応 ･･･････････････ 98
金属結合 ･･･････････････ 21
金属結合結晶 ･･･････････ 21
金属元素 ･･･････････････ 12

ク
苦味 ･･････････････････ 151
グリコール ･････････････ 80
グリコシデーション ･････ 93
グリコシド結合 ････････ 106
グリセロール ･･･････････ 111
グルクロン酸 ･･･････････ 98
グルクロン酸配糖体 ･････ 99
グルクロン酸抱合 ･･･････ 99
グルコサミン ･･･････････ 99

グルコン酸 ･････････････ 98
クロマトグラフィー法 ･･･ 4

ケ
ケト-エノール互変異性体 ･･･ 84
ケト形 ･････････････････ 84
ケトン ･････････････････ 83
ケトン基 ･･･････････････ 91
けん化 ･･･････････････ 87, 119
けん化価 ･･･････････････ 119
原子核 ･････････････････ 7
原子間結合 ･････････････ 16
原子説 ･････････････････ 6
原子番号 ･･･････････････ 8
原子量 ･････････････････ 12
元素 ･･･････････････････ 5
元素記号 ･･･････････････ 5
元素の周期表 ･･･････････ 11

コ
高エネルギーリン酸結合 ･･･ 149
光学異性体 ･･･････････ 89, 90
光学的活性 ･････････････ 89
酵素 ･･･････････････････ 51
構造式 ･････････････････ 20
酵素基質複合体 ･････････ 51
固体 ･･･････････････････ 26
コロイド溶液 ･･･････････ 36
コロイド粒子 ･･･････････ 37
混合物 ･････････････････ 3
コンドロイチン硫酸 ･････ 108

サ
最外殻電子 ･････････････ 9
再結晶法 ･･･････････････ 4
細胞 ･･･････････････････ 65
細胞膜結合タンパク質 ･･･ 137
酸 ･･･････････････････････ 53
酸化 ･･･････････････････ 60
酸価 ･･･････････････････ 119
酸化還元反応 ･･･････････ 61
酸化剤 ･････････････････ 62
酸化数 ･････････････････ 61
酸性 ･･･････････････････ 53
酸敗 ･･･････････････････ 119

酸味 ･･････････････････ 151

シ
ジアステレオマー ･･･････ 88
ジアリルスルフィド ･････ 83
ジエン ･････････････････ 77
式量 ･･･････････････････ 12
シクロアルカン ･････････ 73
シクロデキストリン ････ 103
脂質 ･･････････････････ 111
シス-トランス異性体 ･･ 78, 88
ジスルフィド ･･･････････ 82
ジスルフィド結合 ･･････ 141
至適温度 ･･･････････････ 52
至適 pH ････････････････ 52
失活 ･･･････････････････ 52
シッフ塩基 ･････････････ 84
質量数 ･････････････････ 8
質量保存の法則 ･････････ 5
自動酸化 ･･････････････ 120
脂肪酸 ･･･････････････ 111, 112
弱塩基 ･････････････････ 55
弱酸 ･･･････････････････ 54
シャルルの法則 ･････････ 31
自由エネルギー ･････････ 50
自由電子 ･･･････････････ 21
周期 ･･･････････････････ 11
周期律 ･････････････････ 10
主鎖 ･･････････････････ 132
純物質 ･････････････････ 3
消化 ･･･････････････････ 65
蒸気圧降下 ･････････････ 35
状態図 ･････････････････ 26
触媒 ･･･････････････････ 51
ショ糖 ････････････････ 102
浸透圧 ･････････････････ 36
浸透圧の法則 ･･･････････ 36

ス
水酸化物イオン濃度 ･････ 56
水酸基 ･･･････････････ 80, 90
水素イオン濃度 ･････････ 56
水素結合 ･････････････ 22, 138
水中油滴型エマルション ･･ 123
水和 ･･･････････････････ 33

154

索 引

ス
スクロース················102
スルフヒドリル基··········80
スルホキシド··············83
スルホン··················83

セ
精製······················4
生成熱····················49
セルロース················106
セロビオース··············100
遷移元素··················12
旋光·····················89

ソ
相図·····················26
族·······················11
側鎖················129, 132
組織·····················65
疎水結合·················140
疎水性相互作用············140
ソルビトール··············97

タ
第1イオン化エネルギー······10
第一級アミン··············88
第一級アルコール··········80
第三級アミン··············88
第三級アルコール··········80
対掌体···················88
第二級アミン··············88
第二級アルコール··········80
多価アルコール············90
多価不飽和脂肪酸··········112
多原子イオン··············18
多重結合··················73
炭化水素··················73
単原子イオン··············18
単純脂質·················111
単純多糖類···············103
炭水化物··············73, 90
単体······················3
単糖·····················90
タンパク質の変性·········142

チ
チオエーテル··············83
置換基···················74
中性·····················53
中性子····················8
中性脂肪·················115
中和·····················55
中和滴定··················55
中和熱····················49
直鎖状炭素鎖··············68
チンダル現象··············37

テ
定比例の法則··············5
デオキシリボ核酸·········145
転移 RNA·················149
転化糖···················102
電気陰性度················22
電気的引力···············141
典型元素··················12
電子······················8
電子殻····················9
電子親和力················10
電子対···················19
電子配置··················9
展性·····················22
点電子式··················19
デンプン·················104
電離度····················54
伝令 RNA·················149

ト
糖アルコール··············97
同位体····················8
糖脂質···················116
同族体····················73
等電点···················131
等電点沈殿法·············134
等電点電気泳動···········135
トランスファーRNA········149

ナ
内部エネルギー············47

ニ
二重らせん構造···········147
乳化·····················123
乳糖···············95, 101

ヌ
ヌクレオシド·············145
ヌクレオチド·············145

ネ
熱化学方程式··············50
熱変性··················142
燃焼熱····················49

ハ
パーセント濃度············37
配位結合··················21
倍数比例の法則············6
排泄·····················65
配糖体···················93
麦芽糖···················99
発熱反応··················48
パラ·····················78
パラフィン················73
ハロゲン··················12
半透膜···················36
反応速度··················52
反応熱····················49
半反応式··················63

ヒ
ヒアルロン酸·············108
非還元糖··················93
非共有電子対··············20
非金属元素················12
必須脂肪酸···············115
ヒドロキシ基··············80
ヒドロニウムアニオン······86
標準状態··················30
ピラノース型··············92

フ
ファンデルワールス力···22, 23

155

索　引

ファントホッフの法則‥‥‥36
フェーリング反応‥‥‥‥98
フェノール‥‥‥‥‥‥‥80
複合脂質‥‥‥‥‥‥‥‥111
複合多糖‥‥‥‥‥‥‥‥108
複合多糖類‥‥‥‥‥‥‥103
不斉炭素‥‥‥‥‥‥88, 91
不斉炭素原子‥‥‥‥‥‥127
不対電子‥‥‥‥‥‥‥‥19
物質量‥‥‥‥‥‥‥‥‥29
沸点‥‥‥‥‥‥‥‥‥‥26
沸点上昇‥‥‥‥‥‥‥‥36
不飽和‥‥‥‥‥‥‥‥‥76
不飽和炭化水素‥‥‥‥‥73
ブラウン運動‥‥‥‥‥‥37
フラノース型‥‥‥‥‥‥92
フルクトース‥‥‥‥91, 96
分極‥‥‥‥‥‥‥‥‥‥22
分子‥‥‥‥‥‥‥‥‥‥19
分子間結合‥‥‥‥‥‥‥16
分子間力‥‥‥‥‥‥22, 23
分子説‥‥‥‥‥‥‥‥‥7
分子量‥‥‥‥‥‥‥‥‥12

ヘ

ヘスの法則‥‥‥‥‥‥‥49
ヘテロ多糖類‥‥‥‥‥‥103
ペプチド‥‥‥‥‥‥‥‥132
ペプチド結合‥‥‥‥‥‥132
ヘミアセタール型‥‥‥‥91
ヘミアセタール結合‥‥‥83
偏光‥‥‥‥‥‥‥‥‥‥88
ベンゼン環構造‥‥‥‥‥78
ヘンリーの法則‥‥‥‥‥35

ホ

ボイル・シャルルの法則‥32
ボイルの法則‥‥‥‥‥‥31
芳香族炭化水素‥‥‥‥‥73

包摂‥‥‥‥‥‥‥‥‥‥103
飽和脂肪酸‥‥‥‥‥‥‥112
飽和炭化水素‥‥‥‥‥‥73
飽和溶液‥‥‥‥‥‥‥‥35
ホスホジエステル結合‥‥145
ホモ多糖類‥‥‥‥‥‥‥103
ポリエン酸‥‥‥‥‥‥‥112
ポリペプチド‥‥‥‥‥‥132

マ

マルトース‥‥‥‥‥‥‥99
マンニトール‥‥‥‥‥‥97
マンヌロン酸‥‥‥‥‥‥98
マンノース‥‥‥‥‥‥‥96
マンノサミン‥‥‥‥‥‥99

ミ

ミオグロビン‥‥‥‥‥‥136

ム

無極性分子‥‥‥‥‥22, 34
ムコ多糖類‥‥‥‥‥‥‥108

メ

メタ‥‥‥‥‥‥‥‥‥‥78
メチル基‥‥‥‥‥‥‥‥75
メチレン基‥‥‥‥‥‥‥73
メッセンジャーRNA‥‥‥149
免疫グロブリン‥‥‥‥‥138

モ

モノエン酸‥‥‥‥‥‥‥112
モル‥‥‥‥‥‥‥‥‥‥28
モル質量‥‥‥‥‥‥‥‥28
モル数‥‥‥‥‥‥‥‥‥29
モル濃度‥‥‥‥‥‥‥‥37

ユ

融点‥‥‥‥‥‥‥‥‥‥26

誘導脂質‥‥‥‥‥‥111, 117
油脂‥‥‥‥‥‥‥‥‥‥111
油中水滴型エマルション‥123

ヨ

陽イオン‥‥‥‥‥‥‥‥7
溶解度‥‥‥‥‥‥‥‥‥35
溶解熱‥‥‥‥‥‥‥‥‥49
陽子‥‥‥‥‥‥‥‥‥‥8
溶質‥‥‥‥‥‥‥‥‥‥33
ヨウ素価‥‥‥‥‥‥‥‥119
ヨウ素デンプン反応‥‥‥106
溶媒‥‥‥‥‥‥‥‥‥‥33

ラ

ラクトース‥‥‥‥‥95, 101
ラセミ体‥‥‥‥‥‥‥‥89

リ

立体異性体‥‥‥‥‥‥‥88
リトマス紙‥‥‥‥‥‥‥57
リボ核酸‥‥‥‥‥‥‥‥145
リボース‥‥‥‥‥‥‥‥96
リボソームRNA‥‥‥‥‥149
両性電解質‥‥‥‥‥‥‥126
リン酸ジエステル結合‥‥145
リン脂質‥‥‥‥‥‥‥‥116

レ

劣化‥‥‥‥‥‥‥‥‥‥119

ロ

ろう‥‥‥‥‥‥‥‥‥‥115
ろ液‥‥‥‥‥‥‥‥‥‥4
六員環‥‥‥‥‥‥‥‥‥78
六炭糖‥‥‥‥‥‥‥‥‥91
ろ紙‥‥‥‥‥‥‥‥‥‥4

【編著者】		執筆分担
田島　眞 (たじま　まこと)	実践女子大学名誉教授	序章

【著　者】（執筆順）

山田一哉 (やまだ　かずや)	松本大学大学院　健康科学研究科	第1章, 第2章, 第5章
吉田　徹 (よしだ　とおる)	武庫川女子大学　食物栄養科学部	第3章, 第4章
吉川尚志 (よしかわ　しょうじ)	戸板女子短期大学　食物栄養学科	第6章, 化学を学ぶ前に（見返し）
有井康博 (ありい　やすひろ)	武庫川女子大学　食物栄養科学部	第7章
小栗重行 (おぐり　しげゆき)	元愛知学泉大学　家政学部	第8章
麻生慶一 (あそう　けいいち)	元日本獣医生命科学大学　応用生命科学部	第9章, 第11章
田中直子 (たなか　なおこ)	大妻女子大学　家政学部	第10章

基礎からのやさしい化学 ―ヒトの健康と栄養を学ぶために―

2011年（平成23年）4月25日　初版発行
2024年（令和6年）1月25日　第16刷発行

編　者　田島　眞
発行者　筑紫和男
発行所　株式会社 建帛社 KENPAKUSHA

〒112-0011　東京都文京区千石4丁目2番15号
　　　　　　ＴＥＬ（03）3944-2611
　　　　　　ＦＡＸ（03）3946-4377
　　　　　　https://www.kenpakusha.co.jp/

ISBN 978-4-7679-4635-1　C3043　　　　　　明祥／常川製本
©田島ほか, 2011.　　　　　　　　　　　　Printed in Japan
（定価はカバーに表示してあります）

本書の複製権・翻訳権・上映権・公衆送信権等は株式会社建帛社が保有します。
JCOPY 〈出版者著作権管理機構　委託出版物〉
本書の無断複製は著作権法上での例外を除き禁じられています。複製される場合は，そのつど事前に，出版者著作権管理機構（TEL03-5244-5088，FAX 03-5244-5089，e-mail : info@jcopy.or.jp）の許諾を得て下さい。

元素の周期表

族→ 周期↓	1	2	3	4	5	6	7	8	9	10	11	12	13	14	15	16	17	18
1	1 H 水素 1.008																	2 He ヘリウム 4.003
2	3 Li リチウム 6.941	4 Be ベリリウム 9.012											5 B ホウ素 10.81	6 C 炭素 12.01	7 N 窒素 14.01	8 O 酸素 16.00	9 F フッ素 19.00	10 Ne ネオン 20.18
3	11 Na ナトリウム 22.99	12 Mg マグネシウム 24.31											13 Al アルミニウム 26.98	14 Si ケイ素 28.09	15 P リン 30.97	16 S 硫黄 32.07	17 Cl 塩素 35.45	18 Ar アルゴン 39.95
4	19 K カリウム 39.10	20 Ca カルシウム 40.08	21 Sc スカンジウム 44.96	22 Ti チタン 47.87	23 V バナジウム 50.94	24 Cr クロム 52.00	25 Mn マンガン 54.94	26 Fe 鉄 55.85	27 Co コバルト 58.93	28 Ni ニッケル 58.69	29 Cu 銅 63.55	30 Zn 亜鉛 65.38	31 Ga ガリウム 69.72	32 Ge ゲルマニウム 72.63	33 As ヒ素 74.92	34 Se セレン 78.97	35 Br 臭素 79.90	36 Kr クリプトン 83.80
5	37 Rb ルビジウム 85.47	38 Sr ストロンチウム 87.62	39 Y イットリウム 88.91	40 Zr ジルコニウム 91.22	41 Nb ニオブ 92.91	42 Mo モリブデン 95.95	43 Tc テクネチウム [99]	44 Ru ルテニウム 101.1	45 Rh ロジウム 102.9	46 Pd パラジウム 106.4	47 Ag 銀 107.9	48 Cd カドミウム 112.4	49 In インジウム 114.8	50 Sn スズ 118.7	51 Sb アンチモン 121.8	52 Te テルル 127.6	53 I ヨウ素 126.9	54 Xe キセノン 131.3
6	55 Cs セシウム 132.9	56 Ba バリウム 137.3	57-71 ランタノイド	72 Hf ハフニウム 178.5	73 Ta タンタル 180.9	74 W タングステン 183.8	75 Re レニウム 186.2	76 Os オスミウム 190.2	77 Ir イリジウム 192.2	78 Pt 白金 195.1	79 Au 金 197.0	80 Hg 水銀 200.6	81 Tl タリウム 204.4	82 Pb 鉛 207.2	83 Bi ビスマス 209.0	84 Po ポロニウム [210]	85 At アスタチン [210]	86 Rn ラドン [222]
7	87 Fr フランシウム [223]	88 Ra ラジウム [226]	89-103 アクチノイド	104 Rf ラザホージウム [267]	105 Db ドブニウム [268]	106 Sg シーボーギウム [271]	107 Bh ボーリウム [272]	108 Hs ハッシウム [277]	109 Mt マイトネリウム [276]	110 Ds ダームスタチウム [281]	111 Rg レントゲニウム [280]	112 Cn コペルニシウム [285]	113 Nh ニホニウム [278]	114 Fl フレロビウム [289]	115 Mc モスコビウム [289]	116 Lv リバモリウム [293]	117 Ts テネシン [293]	118 Og オガネソン [294]

原子番号 —— 1 H —— 元素記号
　　　　　　水素 —— 元素名
原子量* —— 1.008

ランタノイド

57 La ランタン 138.9	58 Ce セリウム 140.1	59 Pr プラセオジム 140.9	60 Nd ネオジム 144.2	61 Pm プロメチウム [145]	62 Sm サマリウム 150.4	63 Eu ユウロピウム 152.0	64 Gd ガドリニウム 157.3	65 Tb テルビウム 158.9	66 Dy ジスプロシウム 162.5	67 Ho ホルミウム 164.9	68 Er エルビウム 167.3	69 Tm ツリウム 168.9	70 Yb イッテルビウム 173.0	71 Lu ルテチウム 175.0

アクチノイド

89 Ac アクチニウム [227]	90 Th トリウム 232.0	91 Pa プロトアクチニウム 231.0	92 U ウラン 238.0	93 Np ネプツニウム [237]	94 Pu プルトニウム [239]	95 Am アメリシウム [243]	96 Cm キュリウム [247]	97 Bk バークリウム [247]	98 Cf カリホルニウム [252]	99 Es アインスタイニウム [252]	100 Fm フェルミウム [257]	101 Md メンデレビウム [258]	102 No ノーベリウム [259]	103 Lr ローレンシウム [262]

*) 安定同位体がなく、天然で特定の同位体組成を示さない元素については、その元素の放射性同位体の質量数の一例を [ ] に示している。

化学を学ぶ前に 2

■ 割　合

割合とはある基準に対する量を比で表したものです。一般的には下記のように表されます。

$$割合 = \frac{比べるものの量}{全体の量}$$

たとえば「10人に対して5人の割合は？」と聞かれたら0.5となるのです。また，割合については（割合）倍とも表現できます。混同しやすいのが百分率と歩合です。どちらも割合を示しているのですが，厳密には異なります。

◆ **百分率**　　割合を100倍したものに％の単位をつけて表します。参考までに千分率というのもあり，千分率は割合を1000倍したものに‰の単位をつけて表します。

$$0.247（割合） = 0.247 \times 100 = 24.7\%$$

◆ **歩合**　　割合を小数第一位から順番に"割，分，厘，…"とよぶように名づけられたものです。

$$0.247（割合） = 2割4分7厘$$

これらはどちらで表現しても同じことなのですが，それぞれ歴史や背景に応じて使い分けられています。野球の打率なら歩合，濃度なら百分率（千分率），商品の割り引きなら歩合か百分率といったところです。

ひとつ覚えておいていただきたいのは，計算で使用するのは割合だということです。百分率のものでも必ず割合に戻してから計算に使用します。

■ 濃　度

濃度とは混合物においてある物質がどれだけを占めているかを数値的に表すものです。濃度を表す代表的なものに質量パーセント濃度があります。これは今まで数学や化学などで使用してきた代表的な濃度の1つです。これ以外にも容量パーセント濃度や質量モル濃度などがありますが，見る単位の視点が異なるだけで，原理はすべて同じです。ここでは質量パーセント濃度の復習をします。

数学では食塩の濃度の計算で習ったと思いますが，まずはその公式を見直してみます。

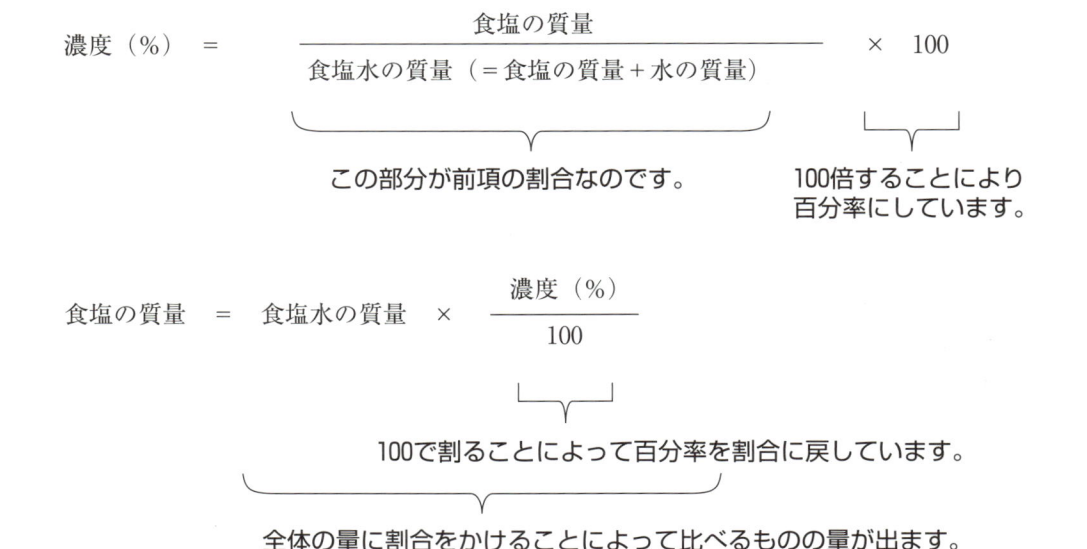

$$濃度（\%） = \underbrace{\frac{食塩の質量}{食塩水の質量（=食塩の質量+水の質量）}}_{この部分が前項の割合なのです。} \times \underbrace{100}_{\substack{100倍することにより\\百分率にしています。}}$$

$$食塩の質量 = \underbrace{食塩水の質量 \times \underbrace{\frac{濃度（\%）}{100}}_{100で割ることによって百分率を割合に戻しています。}}_{全体の量に割合をかけることによって比べるものの量が出ます。}$$